高压电缆现场局部放电检测
百问百答及应用案例

周利军　顾黄晶　周　婕　杨舒婷·编著

上海科学技术出版社

图书在版编目（CIP）数据

高压电缆现场局部放电检测百问百答及应用案例 /
周利军等编著. -- 上海 ：上海科学技术出版社，2021.1（2022.9重印）
 ISBN 978-7-5478-5174-6

Ⅰ．①高… Ⅱ．①周… Ⅲ．①高压电缆－局部放电－
检测 Ⅳ．①TM247

中国版本图书馆CIP数据核字（2020）第241524号

高压电缆现场局部放电检测百问百答及应用案例
周利军　顾黄晶　周　婕　杨舒婷　编著

上海世纪出版(集团)有限公司　出版、发行
上 海 科 学 技 术 出 版 社
（上海市闵行区号景路159弄A座9F-10F）
邮政编码 201101　www.sstp.cn
上海当纳利印刷有限公司印刷

开本 787×1092　1/16　印张 11
字数：220 千字
2021 年 1 月第 1 版　2022 年 9 月第 3 次印刷
ISBN 978 - 7 - 5478 - 5174 - 6/TM·68
定价：80.00 元

内容提要

近年来,局部放电检测作为判断高压电缆绝缘状况的有效方法,已成为电缆状态评价最重要的技术手段之一。

本书立足高压电缆局部放电检测的现场应用,以问答的形式阐述高压电缆局部放电检测原理、设备和现场应用情况等,旨在通过技术交流和经验分享,提高检测人员的理论、技能水平,推动高压电缆局部放电检测工作更规范、扎实、有效的开展。

全书图文结合,叙述形象生动,让读者了解局部放电原理的同时,对局部放电检测现场有更直观形象的认识。

本书可供电力行业从业人员研究、学习、参考,也可供高校相关专业的师生进行查阅、参考。

编委会

主　编 ....

周利军

副主编 ....

顾黄晶　周　婕　杨舒婷

编　委 ....
（按姓氏笔画排序）

王平羽　王骁迪　火　亮　左贤锟　叶　颋　朱亦凡

刘　杰　许　强　许萍萍　孙晓璇　李　海　李春辉

杨天宇　肖传强　何　荷　张　伟　陈　佳　陈　敏

陈立荣　周志鹏　周咏晨　周晶晶　周韫捷　郑淑婷

赵　杰　贾　凡　原佳亮　徐　伟　徐佳敏　蒋晓娟

薛惠平

序

　　高压电缆绝缘状态评价是困扰国内外电缆行业的一个难题,从现有的技术来看,对电缆线路进行局部放电检测并关注检测结果的变化是解决该难题的一个有效方法。作为电气设备状态检测的重要手段,局部放电检测技术受到电力行业各单位的高度重视。电缆运维管理单位从21世纪初开始引入局部放电检测技术,国网上海电缆公司的从业人员作为最早一批实践者,在现场应用中积累了大量宝贵经验和成功案例。他们花费如此大的人力、物力编写本书,供相关从业人员学习、交流和培训使用,着实令人感动。

　　局部放电检测,从理论上来说,不论运用在何种电气设备,其原理都是不变的,但是由于不同电气设备上局部放电信号的传播路径和衰减特性不同,其检测方法也会有很大的差异。对于高压电缆局部放电检测来说,第一,必须搞清楚高压电缆的结构和局部放电的基本原理,才能弄懂局部放电信号在电缆上到底是如何传播的,进而理解在现场安装局部放电检测设备的方法;第二,要理解、学会高频检测、特高频检测和超声波检测三种局部放电检测手段的原理和目前市场上主流检测设备的使用方法,才能搞懂弄通局部放电信号的检测、识别和定位方法,进而明白为何电缆接头一般采用高频局部放电检测,而不是特高频或者超声波检测,以及为何在电缆终端上使用三种方法均可。这些问题均在本书中有很好的解答。

　　理论的最终目的是为了更好地指导实践,目前局部放电检测在电缆上的应用场景主要有三种——带电局部放电检测、在线局部放电监测和耐压同步局部放电检测。带电局部放电检测,也是行内所说的普测,检测点多、任务重,非常考验现场工作人员的技术水平。莎士比亚说"经验是一颗宝石,那是理所当然的,因为它常付出极大的代价得来",国网上海电缆公司从业人员将自己 10 多年一点一滴积累的局部放电现场应用经验总结出来,并附上了生动的实际案例,读者可以从中学习经验,少走弯路,提升局部放电检测水平。

整本书脉络清晰有序、结构完整严密,以问答的形式层层递进,将高压电缆局部放电检测的理论与实践相结合,不空谈理论,不只谈实践,让理论和实践相辅相成、相得益彰。本书的理论深度也较高,不仅介绍局部放电的基本理论,还涉及数据处理的算法和应用。不论从编写的深度还是广度来说,这都是一本值得推荐的好书。

目前,市场上有一些关于局部放电检测的书籍,但还没有一本书从高压电缆的角度来讲局部放电检测技术,也没有一本书从现场应用的角度来讲局部放电检测技术,本书的出版正当其时。我相信,电缆从业人员和状态检测从业人员对本书都会有极大兴趣,不论读者是想学习理论方法还是实际应用技巧,本书都能为其提供指导。

最后,我很荣幸受国网上海电缆公司的同仁邀请来为本书作序,感谢参与编写工作的所有人!

2020 年 9 月

前　言

　　近年来,随着城市建设的发展,架空线入地工程持续推进,电力电缆逐渐成为了各大城市电力输送的"主动脉"。如何提前发现电缆隐患、及时掌握电缆状态,是保障整个电网安全稳定运行的关键一环。局部放电检测作为电缆状态检测手段中最有效的方法之一被广泛应用,然而受到电缆结构和现场环境的制约,电缆局部放电检测的现场应用仍处于摸索阶段。

　　国网上海电缆公司的"满天星"女子局部放电检测团队致力于高压电缆的现场局部放电检测 10 余年,积累了丰富的现场实测经验和大量的现场消缺案例。此次团队编写此书,旨在把现场局部放电检测的经验分享给更多的从业者,通过对局部放电基础理论、现场操作规范、作业疑难问题等方面的总结归纳,希望在提升检测技能的同时,推动电缆局部放电检测工作更高效、更有序的开展。

　　全书以高压电缆局部放电检测技术的现场应用为主线,共分为 2 篇。第一篇是问答篇,对高压电缆局部放电的基础理论、检测方法等进行了概述,分别介绍了三种主流的局部放电检测方法(高频、超高频、超声波)在高压电缆局部放电检测中的应用,并从硬件到软件,详细分析了高频电缆局部放电检测在现场的应用。第二篇是经典局部放电案例汇总,从测试经过到分析方法,再到消缺闭环,每一个案例背后凝结了测试人员的辛勤付出。

　　本书在编写过程中得到了广州智丰电气科技有限公司、普睿司曼电缆(上海)有限公司、华乘电气科技股份有限公司、北京兴迪仪器有限责任公司等的大力支持，在此一并表示衷心的感谢！电缆状态检测技术日新月异，加之编者水平有限，难免存在疏漏和不妥之处，恳请各位专家和广大读者批评指正。

顾黄晶

2020 年 9 月

1897年经中国第一根地下电力电缆向直流照明用户供电

Laying Cables in Wheeling Road

20 世纪 20 年代电缆放线施工

2017 年 11 月成立国内首支女子局部放电检测团队

目　录

第一篇·百问百答

第二篇 · 应用案例

第一篇

百问百答

第一章

高压电缆局部放电检测概述

第一节 · 高压电缆

1 > 什么是高压电缆? 高压电缆的结构是什么?

用于电力传输和分配大功率电能的电缆，称为电力电缆。在电力电缆技术中，110 kV及以上等级的电缆称为高压电缆。高压电缆主要由导体、绝缘层和外护层三部分组成。以交联聚乙烯单芯电缆为例，其结构如图1所示。

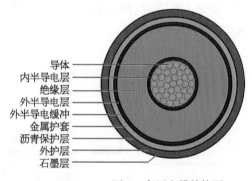

图1 高压电缆结构图

导体、内半导电层、绝缘层、外半导电层、外半导电缓冲、金属护套、沥青保护层、外护层、石墨层

导体：主要采用具有高导电性能的，有一定的抗拉及伸长强度的防腐蚀、易焊接的铜、铝材料制成。其主要作用是用来传输电流（交流或直流），是高压电缆的主要部分。

内半导电层：高压电缆的内半导电层材料是半导电材料，其体积电阻率为 $10^3 \sim 10^6 \ \Omega \cdot m$。内半导电层位于导体与绝缘层之间，使被屏蔽的导体等电位，并与绝缘层良好接触，从而避免在导体与绝缘层之间发生局部放电。

绝缘层：高压电缆的绝缘层材料主要是交联聚乙烯，部分充油电缆的绝缘层为油浸绝缘纸。电缆绝缘层的作用是将导电线芯与大地及线与线间实现电气隔离，从而保证电能的输送。

外半导电层：高压电缆的外半导电层材料与内半导电层相同，其位于绝缘层和护套之间，与被屏蔽的绝缘层有良好接触，避免绝缘层和护套之间发生局部放电。

外半导电缓冲：一般使用半导电的阻水材料构成。其不仅具有半导电性质，还具有缓冲衬垫作用，并具有阻水功能。

金属护套：金属护套的材料一般采用铝、铅，俗称铝护套或铅护套，它将电场限制在绝缘内部，并保护电缆免受外界电气干扰，为电缆故障电流提供回路并提供一个稳定的地电位。

沥青保护层：由沥青、塑料带、无纺布等绕包。它的作用是保护护套免受铠装层的损伤。

外护层：外护层一般由聚氯乙烯、聚乙烯采用挤包的方式制成。其作用是保护电缆免受机械损伤和腐蚀。

石墨层：石墨层是包裹在电缆最外层的石墨，其作用是为了检测电缆外护层的绝缘是否完好。

2 > 什么是高压电缆线路？

应用电缆输送电力的输电和配电线路称为电缆线路。其中，66 kV 及以上的电缆线路称为高压电缆线路。

电缆线路主要由电缆本体、电缆接头和电缆终端组成。高压电缆线路还有其他附件，如交叉互联箱、护层保护器、压力箱、压力和温度示警装置等，高压电缆线路如图 2 所示。

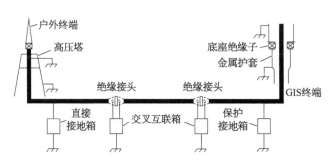

图 2　高压电缆线路缩略图

电缆终端：按使用环境不同，分为敞开式终端和封闭式终端。其中，敞开式终端用于将电缆与架空线或其他电气设备相连，适用于户外环境；封闭式终端主要有 GIS 终端和设备终端。电缆终端安装在电缆线路两末端，具有一定的绝缘和密封性能，用以保证与电网其他用电设备的电气连接，并作为电缆导电线芯绝缘引出的一种装置。

交叉互联箱：交叉互联箱是为了降低金属护套中的环流损耗，通过绝缘接头将相邻单元段电缆的金属护套交叉互联。

护层保护器：护层保护器安装在交叉互联箱内，目前普遍使用氧化锌阀片保护器，其作用是为了限制在系统暂态过程中金属护套的过电压。

接地箱：分为保护接地箱和直接接地箱。其作用是将金属护套在电缆终端处接入电网接地系统。

电缆接头：由于电缆制造长度有限，在一条电缆线路中间将各电缆连接起来的附件称为电缆接头。

3 > **什么是高压电缆线路的标准交叉换位段**？

高压电缆线路中，通常将三段长度相等或基本相等的电缆组成一个换位段，其中有两套绝缘接头，每套绝缘接头绝缘隔板两侧的不同相的金属护套用交叉换位法互相连接，如图 3 所示。

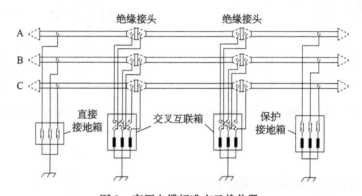

图 3　高压电缆标准交叉换位段

金属护套交叉互联的方法是：将右侧 A 相金属护套接到左侧 B 相，将右侧 B 相金属护套接到左侧 C 相，将右侧 C 相金属护套接到左侧 A 相。

装在交叉互联箱内的护层保护器和绝缘接头间的连接采用星形接法。为了降低护层保护器的波阻抗和过电压发生时的压降，护套交叉互联应使用同轴电缆作为引线，且长度越短越好（应不超过 12 m），在整条线路上，同轴引线的内、外芯的接法必须一致。

4 > **高压电缆 GIS 终端结构是怎样的**？

GIS 终端的全称是气体绝缘金属封闭电器电缆终端，它结构紧凑，出线部位为全密封结构，不受外界大气条件影响，其结构如图 4 所示。GIS 终端一般由出线金具、环氧套管、应力锥、应力锥顶推装置和尾管等部分组成。应力锥顶推装置通常保持恒定的压紧力，以避免应力锥老化引起的界面压力下降；外绝缘是环氧绝缘套管，内部是电缆及电缆应力锥,环氧绝缘套管外部是 GIS 设备内的六氟化硫气体,一般内外是完全隔离的(极少部分内外是通路),环氧绝缘套管顶部是出线金具,将电缆线芯导体与 GIS 设备母线导体电气连通。

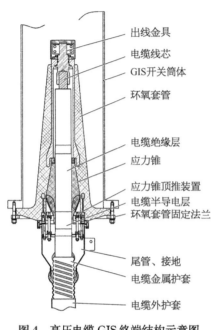

图 4　高压电缆 GIS 终端结构示意图

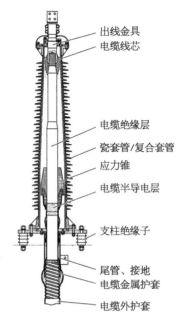

图 5　高压电缆户外终端结构示意图

5　高压电缆户外终端结构是怎样的?

户外终端又称为敞开式终端,一般由出线金具、内绝缘、外绝缘、绝缘填充剂、密封结构金具和尾管等组成,其结构图如图 5 所示。

内绝缘:有增强式和电容式两种。

增强式终端的内绝缘结构是在电缆的绝缘层外加装应力锥,使终端处的等效半径加大,以降低电缆末端部分的径向场强和轴向场强。部分户外终端设计在应力锥的末端套上浇铸成型的环氧树脂增强件,配合应力锥顶推装置保持恒定的压紧力,以提高端部的内绝缘强度。

电容式终端是在电缆终端上附加电容极板来控制终端的电场分布,这改善了沿瓷套长度方向的电场分布,其均匀电场的效果优于应力锥式终端。电容式终端结构较为复杂,多用于 400 kV 以上线路。

外绝缘:通常为瓷套管或复合套管,外绝缘必须满足所设置的环境条件(如污秽等级、海拔高度等)的要求,并设计合适的爬距和泄漏比距。

6 〉 引起高压电缆线路绝缘老化的主要原因是什么？

高压电缆线路中，绝缘老化的原因主要分为电气、化学、温度、机械及生物等方面，其中，电气老化又分为游离放电老化和树老化。

游离放电老化是在绝缘层与屏蔽层的空隙产生游离放电，使绝缘受到侵蚀所造成的绝缘老化现象。不过在正常相电压下，游离放电一般不会发生，仅在电缆内部有缺陷时才会成为问题。

树老化分为电树老化和水树老化两种。电树是在局部高电场（绝缘与内半导电层的界面等）作用下某些缺陷在绝缘层中呈现树枝状伸展，最终导致绝缘击穿；水树的形成与敷设环境有关，在有水分和电场共存的状态下，可分为从导体的内半导电层产生的内导水树、从绝缘的外半导电层产生的外导水树、从绝缘层中空隙等产生的蝴蝶结形水树 3 类，特别是从内半导电层上产生的内导水树，它将使电缆的绝缘强度大幅度地降低。

化学老化是由敷设环境所引起的，例如把电缆敷设在含有石油化学物质的地下而造成的聚氯乙烯护套膨胀。化学老化的程度会因油、药品的种类不同而异，但它对电缆的影响都是使组成电缆的材料膨胀，使其物理性能和电性能降低。

热老化是由外界温度急剧变化而引起的，它还会造成高压电缆的机械变形和损伤。

机械老化是由外界对电缆冲击、挤压等，造成电缆机械损伤、变形及电气-机械复合老化现象。

生物老化是由动物的吞食、成孔等对电缆绝缘造成的损伤老化现象。

第二节·局部放电

7 〉 什么是局部放电？

局部放电（简称"局放"）是指绝缘体中只有局部区域产生的放电，而没有贯穿施加电压的导体之间，可以发生在导体附近，也可以发生在其他地方。

对于电缆而言，局放是指发生在电极之间但并未贯穿电极的放电，它是由于电缆绝缘内部存在弱点或生产过程中造成的缺陷而产生的，是在高电场强度作用下发生重复击穿和熄灭的现象。

8 电树枝产生的演变过程是怎样的?

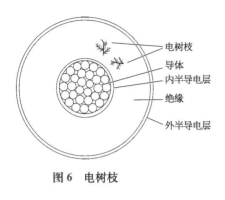

电树枝
导体
内半导电层
绝缘
外半导电层

图 6 电树枝

在高压电缆的运行过程中,电树枝缺陷在电场作用下会产生局部放电,如图 6 所示,进而导致电缆绝缘老化被击穿。其对材料的破坏过程可概括为三个阶段。

第一阶段:在高压电缆绝缘内部,局放产生的化学反应使介质表面上出现沉淀物,它们的介电系数和电导系数一般都比气隙周围介质的高,因此在沉积物的附近发生电场集中,局放就逐渐转移到电场强度高的各点上。

第二阶段:在各个放电的集中点上,绝缘材料进一步被腐蚀,这些放电的集中点往往是在气隙底部边缘上,这是由于气隙底部的电阻因沉积物的覆盖而变小,放电电荷沿气隙壁流向底部,在气隙底部的边缘集聚了许多空间电荷,造成了电场集中。

第三阶段:在较高的电场下,绝缘材料被腐蚀的小坑尖端,电场强度可能到达该材料的本身击穿场强,这时材料被局部击穿;接着尖端又向前推移,在新的尖端附近又发生新的局部击穿,经过一定的时间,放电就逐渐由气隙的底部边缘向绝缘材料内部延伸,这时不但放电通道的长度逐渐增长,而且分枝也逐渐增多,形成了树枝放电,最终放电的通道贯穿整个材料,即形成击穿。

9 电缆局放的产生机理是怎样的?

当绝缘体局部区域的电场强度达到击穿场强时,该区域就发生放电。当在制造或使用过程中某些区域残留了一些气泡、杂质或缺陷时,绝缘体内部或表面就会出现电场强度高于平均电场强度的情况,因此在这些区域就会首先发生放电,而其他区域仍然保持绝缘特性,这就形成了局放。

当工频电压施加于平板电容器上时,如果气泡上的电压没有达到气泡上的击穿电压,气泡上的电压就跟随外加电压变化而变化;若外加电压足够高,气泡发生击穿时,气泡就发生放电,放电使气体电离出大量正离子和电子,形成空间电荷,在电场作用下迁移到气泡壁上,形成与外部电场相反的内部电压,气泡内部电压小于击穿电压,放电停止,随着电压升高,又出现第二次放电。如图 7 和图 8 所示。

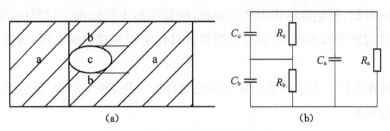

图 7　试品中气隙放电的等效电路

(a)试品中的气隙；(b)放电等效电路

C_a—绝缘完好处等效电容；C_b—气隙外等效电容；C_c—气隙处等效电容

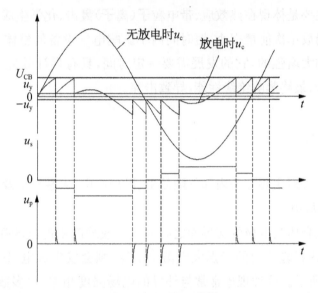

图 8　放电过程示意图

u_c—施加于试品的电压；u_s—放电产生的反向电压；u_p—放电产生的脉冲电压；U_{CB}—起始放电电压

10 〉 局放产生的原因是什么？

产生局放的主要原因是电介质不均匀时，绝缘体各区域承受的电场强度不均匀，在某些区域电场强度达到击穿场强而产生放电，而其他区仍然保持绝缘的特性。其主要原因有以下几个。

（1）绝缘体本身质量问题。当高压电缆的绝缘存在缺陷如气隙、杂质等，该区域就会出现局部电场强度高于平均电场强度，这些区域就会发生局放。

（2）结构不合理。电缆的结构不合理，如缺少内、外屏蔽层，将导致间隙增多，容易引起局放。

（3）外力破坏。在运输、敷设过程中，高压电缆承受外部机械应力如震动、过大牵引力等造成局部开裂,使绝缘结构中产生间隙,例如在地下管线施工过程中,电缆绝缘层、屏蔽层因电缆过度弯曲而损坏,或是电缆切剥时过度切割或刀痕太深,这些都可能导致局放。

(4) 绝缘体老化。绝缘体老化将导致绝缘性能下降,甚至出现气泡皱纹,这些绝缘的缺陷易引起局放。

11 〉 电缆局放会产生哪些危害?

局放的危害主要是体现在热效应、带电粒子(离子)轰击、化学生成物、机械冲击波应力和辐射作用。局放单次能量很小,短时间内不影响电气设备的整体绝缘强度,其对绝缘的危害是逐渐加大增强的,它的发展需要一定时间,具有累计效应,缺陷扩大会加剧整体绝缘强度下降,最终影响绝缘性能,导致击穿。

12 〉 电缆局放缺陷类型有哪些?

电缆局放缺陷类型主要分为内部气隙放电、沿面放电、尖端放电及悬浮放电 4 种。

(1) 内部气隙放电。

当介质内部或介质与电极的交界面之间的气隙或缝隙中的电场强度大于固体中的电场强度时,气隙或者缝隙内的场强大于击穿电压,则会发生放电,这种放电称为内部气隙放电,如图 9 所示。这种现象常常与外界的电场强度相关,大多数发生于绝缘层中强度较低的区域,受材料的性能及电场分布影响。

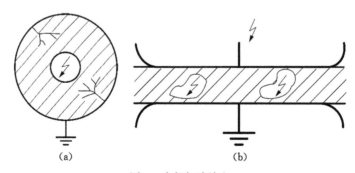

(a)   (b)

图 9 内部气隙放电

(2) 沿面放电。

当不同材质交界面接触不紧密,其表面的电场强度达到击穿电压时,沿着绝缘介质表面产生的放电现象称为沿面放电,如图 10 所示。沿面放电经常会出现在电缆终端、中间接头,其产生原因与介质上的电荷密度之间的联系十分紧密,对局放的图形有着一定的影响。放电脉冲一般发生在 0°～90°和 180°～270°相位上,而且对称性一般取决于施加的电场是否均匀,在对称电极系统之中,放电图形基本对称;反之在不对称电极系统中,放电图形不对称。

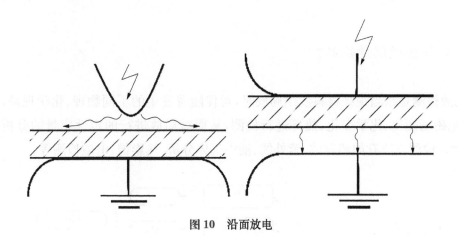

图 10 沿面放电

(3) 尖端放电。

尖端放电是指电缆导体出现尖端或者毛刺,随着电场强度增大导致尖端或者毛刺附近的绝缘层发生局放,致使电缆绝缘被击穿,如图 11 所示。在较小的范围内,尖端放电只是在尖端电极附近,绝缘层和导体之间的间隙并没有被击穿,因此像尖端或者毛刺这种半径比较小的外壳电荷更加容易累积。电荷积累越多则此处的电场强度越大,因此尖端或毛刺更容易发生尖端放电。在尖端放电发生的同时,经常还会有光和声音等其他现象或者有时候还会有一些化学气体的产生。尖端或者毛刺电极

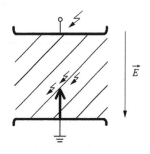

图 11 尖端放电

的正负性往往决定了尖端放电的起始电压。一般导体的尖端发生放电的时候,放电脉冲会大量集中在负半周,除非电压很高,正半轴才有可能出现脉冲。反之,如果接地端发生放电,放电脉冲会大量集中在正半周。随着电压的逐渐增大,尖端放电的放电次数会逐渐增大,但单次的放电量基本不变。

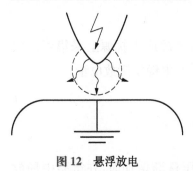

图 12 悬浮放电

(4) 悬浮放电。

悬浮放电是指电缆导体和附件周围存在其他金属物,随着电场强度的增大导致金属上产生对地电位,从而引起的放电现象,如图 12 所示。一般悬浮放电常常发生于电缆 GIS 终端。悬浮放电一般正负半周的脉冲对称出现,对于间隔相同的,还会按照基准线做往返运动,一般来说正负半周的幅值、间隔以及频率相同。

第三节·局部放电检测

13 〉 什么是局放检测？

局放检测是指当绝缘材料发生局放时,对伴随着发生的不同物理、化学现象,如光、声音、电磁场变化、化学变化、热等进行检测,从而对局放进行的定性定量的分析,如图13 所示。检测方法有如超声波、紫外线、油中气体分析、热影像、电磁检测等。

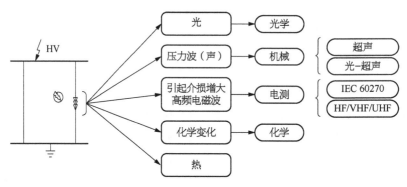

图 13 局放发生的不同物理、化学变化

14 〉 电缆局放检测的主要参数有哪些？

电缆局放检测的主要参数包括:视在放电量、放电能量、放电频率、放电相位、放电重复率、起始放电电压和熄灭放电电压。

15 〉 什么是视在放电量？

视在放电量是指局放传感器在特定监测频率、特定信号源或干扰源上采集到的放电量,它可能会受到检测位置的不同而引起相对的衰减,并非电缆实际放电量。

16 〉 什么是起始放电电压和熄灭放电电压？

起始放电电压是指试验电压从不产生局放的较低电压逐渐增加时,在试验中局放电量超过某一规定值时的最低电压值。

熄灭放电电压是指试验电压从超过局放起始电压的较高值逐渐下降时,在试验中局放电量小于某一规定值时的最高电压值。

17 ⟩ 电缆局放检测的试验回路主要有哪几种?

局放检测的试验回路主要有 3 种,如图 14 所示,其中(a)、(b)可统称为直接法测量回路,分别为测量阻抗与耦合电容器串联回路、测量阻抗与试品串联回路;(c)称为平衡法测量回路。

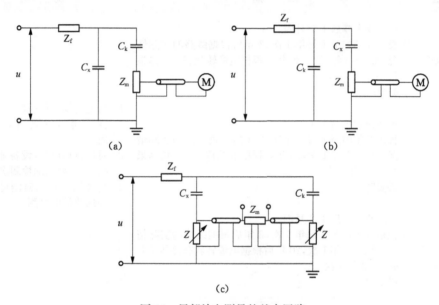

图 14 局部放电测量的基本回路

(a)测量阻抗与耦合电容器串联回路;(b)测量阻抗与试品串联回路;(c)平衡回路

Z_f—高压滤波器;C_x—试品等效电容;C_k—耦合电容;Z_m—测量阻抗;Z—调平衡元件;M—测量仪器

18 ⟩ 电缆局放检测回路的选取原则是什么?

局放检测试验回路的选取原则是:

(1) 试验电压下,试品的工频电容电流超出测量阻抗 Z_m 的允许值,或试品的接地部位固定接地时,可采用图 14(a)所示的试验回路;

(2) 试验电压下,试品的工频电容电流符合测量阻抗 Z_m 允许值时,并且试品接地点可解开时,可采用图 14(b)所示的试验回路;

(3) 试验电压下,图 14(a)、(b)所示的试验回路有过高的干扰信号时,可采用(c)所示的试验回路；

（4）检测阻抗的选择应使 C_k 和 C_x 串联后的等效电容值在测量阻抗所要求的调谐电容 C 的范围内（否则测量精度会降低）。

19 > 高压电缆局放检测的周期是怎样的？

国家电网公司规定不同运行年限的电缆局放检测周期，其检测周期要求见表1。

表1　不同电压等级电缆的局放检测周期

电压等级	周　期	说　明
110(66)kV	1) 投运或大修后 1 个月内 2) 投运 3 年内至少每年 1 次，3 年后根据线路的实际情况，每 3～5 年 1 次，20 年后根据电缆转状态评估结果每 1～3 年 1 次 3) 必要时	
220 kV	1) 投运或大修后 1 个月内 2) 投运 3 年内至少每年 1 次，3 年后根据线路的实际情况，每 3～5 年 1 次，20 年后根据电缆转状态评估结果每 1～3 年 1 次 3) 必要时	1) 当电缆线路负荷较重，或迎峰度夏期间应适当调整检测周期 2) 对运行环境差，设备陈旧及缺陷设备，要增加检测次数 3) 高频局放在线监测可替代高频局放带电检测
500 kV	1) 投运或大修后 1 个月内 2) 投运 3 年内至少每年 1 次，3 年后根据线路的实际情况，每 3～5 年 1 次，20 年后根据电缆转状态评估结果每 1～3 年 1 次 3) 必要时	

根据电缆故障的浴盆曲线理论，电缆在投入运行初期和寿命将尽时的故障率高，而在寿命中期故障率一般较低。因此，电缆局放的发生及对电缆局放的检测研究对象应重点选择新投运电缆、运行初期 1～3 年的电缆和运行时间在 20 年以上的电缆，并适当兼顾寿命中期的检测需要。

20 > 高压电缆局放检测有哪些常用方法？

高压电缆局放检测主要有以下 3 种方法。

（1）高频局放检测。这是对频率介于 1～300 MHz 区间的局放信号进行采集、分析、判断的一种检测方法，主要采用高频电流传感器（High Frequency Current Transformer，HFCT）、电容耦合传感器采集局放发生时的电信号。是目前最适用于电缆的局放检测方式,检测灵敏度高,抗干扰能力强,且便于携带、安装。

（2）特高频局放检测。这是对频率介于 300 MHz～3 GHz 区间的局放信号进行采集、分析、判断的一种检测方法,主要采用天线结构传感器采集局放发生时的电磁波信号。

（3）超声波局放检测。这是对频率介于 20～300 kHz 区间的局放声信号进行采集、分析、判断的一种检测方法,主要采用超声波探头采集局放发生时的声波信号。

其中,特高频和超声波局放检测受到电缆结构的限制,信号衰减很大,通常仅适用于电缆终端的局放检测。

21 > 高频局放检测的特点和适用范围是什么?

高频局放检测方法被广泛应用于电缆局放检测,其主要优势在于:

（1）放电电流脉冲信息含量丰富,从中提取的相关特征量可进行多维度分析,进而判定放电的严重程度及其发展趋势;

（2）检测灵敏度高,善于捕捉突变信号,为确认缺陷位置提供可靠的判断依据;

（3）可定量分析局放的强度,方便对疑似信号进行跟踪、分析和比对;

（4）高频检测覆盖范围大,适用于电缆的现场运行环境。高频局放检测的传感器通常安装在电缆接头或终端的接地回路中,安装简单且设备体积小,便于携带,是目前最适用于电缆的局放检测方式。

但是这种测试方式受到现场噪声干扰的影响很大,有效地削弱和抑制干扰是提高高频局部放电检测准确率的重要保证。

高频局放检测方法仅适用于具备接地引下线的电力设备的局放检测,主要包括高压电力电缆及其附件、变压器铁芯及夹件、避雷器、带末屏引下线的容性设备等。

22 > 特高频局放检测的特点和适用范围是什么?

特高频局放检测法是利用局放辐射出的特高频电磁波信号进行检测的一种方法。特高频局放检测技术具有以下优点:

（1）传感器接收频段信号,避开了电网中主要电磁干扰的频率,具有良好的抗低频电磁干扰能力;

（2）根据电磁脉冲信号在 GIS 内部传播具衰减的特点,利用传感器接收信号的时差,可进行故障定位;

（3）根据放电脉冲的波形特征和特高频信号的频谱特征,可进行故障类型诊断。

但与此同时,这种方法也有它的局限性:

（1）基于电磁波的衰减特性，一般此种方法不适用于电缆中间接头的局放检测，此外，对金属封闭结构的电缆终端，电磁波无法传播出来，也就无法应用这类方法；

（2）受到电磁波信号传播路径、缺陷放电类型差异等因素的影响，尚未实现缺陷劣化程度的量化描述。

只有在电力设备内部局放激发的电磁波能够传出来并且能够被检测到的情况下，特高频局放检测法才适用。该方法能检测的设备包括 GIS、变压器、电缆附件、开关柜等，而在 GIS 中的局放检测效果最好，也是国际上对 GIS 普遍采用的状态检测技术，可以达到几皮库的检测灵敏度。

23 ＞ 超声波局放检测的特点和适用范围是什么？

超声波局放检测的优点主要体现在以下两个方面。

（1）抗电磁干扰能力强。超声波局放检测法是利用超声波传感器在电缆终端的外壳部分进行检测。电力设备在运行过程中存在着较强的电磁干扰，而超声波检测是非电检测方法，其检测频段可以有效规避电磁干扰，取得更好的检测效果。

（2）便于实现放电定位。超声波信号在传播过程中具有很强的方向性，能量集中，因此在检测过程中易于得到定向而集中的波束从而方便进行定位。

但与此同时，这种方法也有它的局限性：

（1）基于超声波的衰减特性，一般此种方法不适用于电缆中间接头的局放检测；

（2）对于内部缺陷不敏感、受机械振动干扰较大，影响测试的准确性。

超声波局放检测在 GIS、变压器、开关柜等设备均已有成熟的检测装置，对于电缆 GIS 终端来说，可以将此方法与特高频法、高频法等相配合，对疑似缺陷进行精确定位。

第二章

高压电缆局部放电检测方法

第一节 · 高频局部放电检测

24 › 高频局放检测的原理是什么？

电力设备中发生局放时，所产生的高频脉冲电流会沿导体流动，并通过高压设备接地点流入大地。通过在高压设备接地点上安装相应的 HFCT，拾取绝缘内部局放发出的脉冲电流信号的高频部分，可以实现局放的高频带电检测，如图 15 所示。

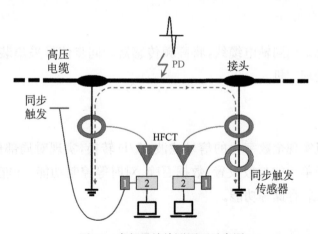

图 15 高频局放检测原理示意图

1—信号处理单元；2—信号采集单元

25 高频局放检测装置组成有哪些?

高频局放检测装置包括信号采集单元、信号传输单元、信号处理主机和数据处理终端四个部分组成,如图 16 所示。

图 16 高频局放检测装置组成示意图

(一) 信号采集单元

信号采集单元包括 HFCT、电容臂和薄膜电极、同步信号采集装置等。

HFCT 是一种高精度的罗氏线圈,其有效的频率检测范围一般为 1~100 MHz。由于所测量的局放信号是微小的高频电流信号,因此传感器需要在较宽的频带内有较高的灵敏度。

电容臂和薄膜电极是两种不同形式的耦合电容,用于在现场重新构筑高频回路,以利于高频脉冲电流的检测。

同步信号采集装置可以实时采集被检测电缆的工频电流信号,为局放信号处理主机提供准确的同步信号。

(二) 信号传输单元

信号传输单元采用同轴电缆线,将高频传感器和同步信号采集装置所采集的模拟信号传输到信号处理主机。

(三) 信号处理主机

信号处理主机实现全数字化的信号滤波、A/D 转换,实现对局部放电信号的处理、分析及对信号采集单元的参数设置、数据召唤、对时等控制功能,并能承担对被采集数据的综合分析、判断、存储等功能。

(四) 数据处理终端

数据处理终端往往采用笔记本电脑,在笔记本电脑中安装有专门的数据处理与分析诊断软件,主要用于显示测量结果与分析诊断。高频局部放电检测装置所提供的检测结果通常包括:单脉冲时域波形、时域波形、多周期局放 q-φ 谱图、幅值相位谱图、局放脉冲频谱分析等,部分高频局放检测仪器还具有数字滤波功能、局放类型模式识别功能、局放定位功能、多通道同步测量及多种测量检测方法进行联合测量等功能。

高频局放检测设备装置组成如图 17 所示。

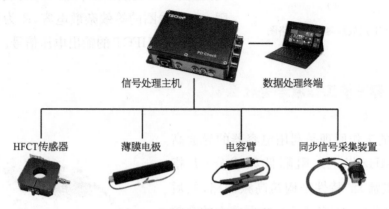

图 17　高频局放检测装置组成

26 〉HFCT 的工作原理是什么?

HFCT 多采用罗氏线圈结构,一般情况下罗氏线圈为圆形或矩形,线圈骨架可以选择空心或磁性骨架,导线均匀绕制在骨架上。

罗氏线圈的结构示意图如图 18 所示。罗氏线圈的一次侧为流过被测电流的导体,二次侧为多匝线圈。当有交变电流流过线圈中心的导体时,会产生交变磁场。二次侧线圈与被测电流产生磁通交链,整个罗氏线圈二次侧产生的磁通交链正比于导体中流过的电流大小;变化的磁通交链产生电动势且电动势的大小与磁通交链的变化率成正比。基于安培环路定律和法拉第电磁感应定律,可由麦克斯韦方程解得:

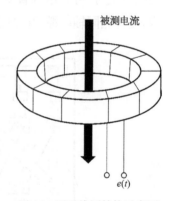

图 18　罗氏线圈结构示意图

$$e(t) = M \frac{\partial I(t)}{\partial(t)}$$

其中,流过导体的电流为 $I(t)$,线圈二次侧感应出的电动势为 $e(t)$,M 为罗氏线圈的互感系数。

由于所测量的局放信号是微小的高频电流信号,传感器需要在较宽的频带内具有较高的灵敏度,因此 HFCT 选用高磁导率的磁芯作为线圈骨架,并通常采用自积分式线圈结构,其有效的频率检测范围一般为 3～30 MHz。

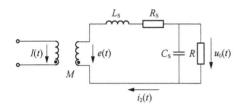

图 19　HFCT 局放检测等效电路图

采用 HFCT 进行局放检测的等效电路图如图 19 所示,其中,$I(t)$ 为被测导体中流过的局部放电脉冲电流,M 为被测导体与 HFCT 线圈之间的互感,L_s 为线圈的自感,R_s 为线圈的等效电阻,C_s 为线圈的等效杂散电容,R 为负载积分电阻,$u_0(t)$ 为 HFCT 的输出电压信号。

27 ＞ 电容臂的工作原理是什么？

电容臂的工作原理是利用电容器的导通高频成分（1 MHz 以上）、阻隔低频成分（尤指 50 Hz 工频电流）的特性来构筑高频回路,然后通过加装 HFCT 检测来自该高频回路上的高频局放电流,如图 20 所示。

当检测对象是直埋电缆、沟道电缆或排管内电缆而无法直接将传感器安装在电缆接头或其接地引线上时,可将电容臂安装在交叉互联换位箱

图 20　电容臂

内,使各相同轴电缆的内外芯相连,这样有利于确认局放信号的相别,如图 21 所示。

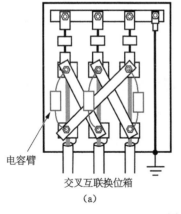

电容臂

交叉互联换位箱

（a）

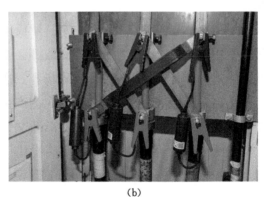

（b）

图 21　电容臂安装图

(a)安装示意图；(b)现场安装图

28 ＞ 薄膜电极的工作原理是什么？

在电缆局放检测中,薄膜电极是安装在绝缘接头或终端外壳上的金属薄片。图 22

为利用薄膜电极采集局放信号时的等效电路。其中,C_1、C_2 为金属护套与线芯导体形成的等效电容,C_3、C_4 为金属电极与金属护套形成的等效电容,Z_d 为检测阻抗。当电缆接头一侧有局放时,另一侧的等效电容与就可以作为耦合电容与检测阻抗一起构成检测回路,从而耦合局放信号。图 23 为薄膜电极现场安装图。

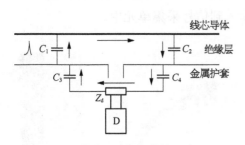

图 22　薄膜电极耦合等效电路图　　　　图 23　薄膜电极现场安装图

29 〉 同步信号采集在电缆局放检测中的作用有哪些?

同步相位信号即工频 50 Hz 的电流信号是有效开展局放检测的基础,而同步信号装置的功能就是为局放检测提供准确的同步相位信号的。图 24 是现场实测的数据,对于同一个局放信号,图 24(a)是缺乏同步相位信号时的图谱,散乱似干扰,很容易误以为没有出现局放;图 24(b)则是正确获取同步相位信号后得到的图谱,确认是局放信号。由此可见,同步相位信号的获取是影响局放数据采集准确性的关键。

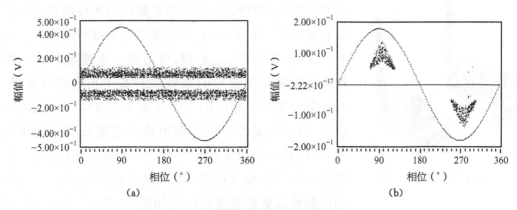

图 24　无同步和有同步检测对比图

(a)无同步;(b)有同步

30 ╲ 同步信号采集装置的种类及作用有哪些?

同步信号装置分为有线和无线两大类。

(一) 有线型同步信号采集装置:电流钳表、罗氏线圈电流互感器

传统的获取同步相位方法是将电流钳表或柔性罗氏线圈电流互感器如图 25 所示安装在电力设备接地引线上,获取工频电流并输入到信号采集单元中。

(a)　　　　　　　　　　　　　(b)　　　　　　　　　　　　　(c)

图 25　有线型同步信号采集装置及其现场图

(a)电流钳表;(b)罗氏线圈电流互感器;(c)罗氏线圈型同步现场安装图

(二) 无线型同步信号采集装置

图 26　无线同步信号采集装置

为了更好地解决同步相位信号受现场环境限制而有时无法获取的难题,近年来开始应用无线同步信号采集装置,如图 26 所示,它可采集三种类型的同步相位信号:(1)基于电磁感应原理,可对电力电缆及其接地引线进行工频相位信号的采集;(2)基于光敏感应原理,可收集白炽灯工作时的工频电流变化信号;(3)接收来自电流钳表、柔性罗氏线圈电流互感器或其他同步信号,并将其转化成无线数字信号,传输给接收装置,最后输入到局放测试设备,达到同步相位的目的。无线相位信号采集装置连接示意如图 27 所示,其现场应用如图 28 所示。

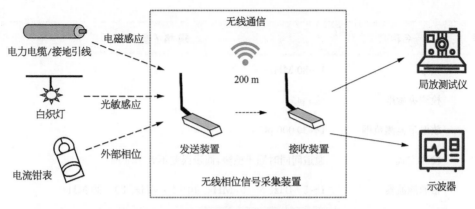

图 27　无线相位信号采集装置连接图

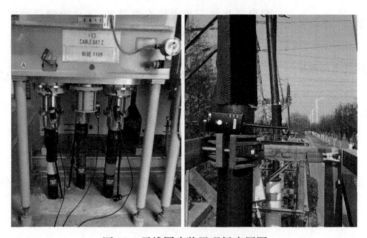

图 28　无线同步装置现场应用图

31 〉局放检测设备主机有哪些关键参数？

局放设备主机的关键参数有检测带宽、采样率、采样方式（宽频/窄频带）、检测通道数量、灵敏度、输入阻抗、局放事件时间分辨率、同步频率范围、局放通道的信号最大输入电压、同步信号通道的信号最大输入电压、测量灵敏度等参数。一台典型的局放设备主机的参数见表 2。

表 2　典型局放设备主机参数

序号	名称	规格 / 参数
1	采样率	100 MSa/s
2	采样位数	14 bit

(续表)

序号	名称	规格/参数
3	频带	1~80 MHz
4	检测灵敏度	≤5 pC
5	放电量监测范围	1~30 000 pC
6	检测方式	通道间同时同步检测,同步误差不大于 1 ns
7	带通滤波器	1~5 MHz、5~10 MHz、10~20 MHz、20~30 MHz
8	高通滤波器	1 MHz、5 MHz、10 MHz、20 MHz
9	抗干扰	配置局放抗干扰天线专用设备,满足检测灵敏度 5 pC、频率 0~100 MHz,可抑制设备内部及外界的干扰信号
10	被测电缆电压频率	20~300 Hz 同时满足内同步及外部电源同步两种模式,参考相位精度≤0.1°
11	分析、记录	对信号通过示波的形式对波形进行分析和频谱的形式对频率进行分析,自动波形记录、自动数据记录
12	诊断	自动局放识别、自动局放分级报警
13	局放定位功能	发现局放或放电趋势异变后,应具备辅助查找放缺陷位置的功能

32 > 什么是电缆局放检测的信号分离技术?

信号分离是指把一个信号从它原始的采样映射到一组有意义的基上,或者是在有特定意义的"描述"上进行展开,而这种展开能够提供更加丰富的信号信息和结构。

电缆局放检测信号分离技术就是将原始信号进行等效转换,提取该信号的等效时长和等效频率等特征参量,获得不同信号的差异化特征量,从而将每一类放电信号进行分离。

信号分离有助于对检测到的信号特别是较为复杂的信号进行进一步判断分析;另一方面,信号分离是特征提取及模式识别的必要条件,只有基于单个信号才能完成多个特征量的提取工作,进而进行模式识别。

33 局放检测设备的信号分离技术有哪些？

常用的信号分离技术有时频法、三相法、三频法等。

（一）时频法

时频法是一种时域和频域的联合分析技术，它将局放信号的时间和频率转化成等效时间 t_{eq} 和等效频率 f_{eq}，并以等效时频作为信号的特征值，形成时频图谱（TF 图谱），如图 29 所示。在 TF 图中，各种放电脉冲分成不同的聚类，每一个聚类的放电脉冲具有高度相似的属性，如同一个（同一类）放电源，或者同一个干扰源，且每一个聚类都可以反向关联到局放相位分布图谱（简称"PRPD 图谱"），如图 29 所示，每一个点对应的时域和频域响应都可以同步显示、分析。

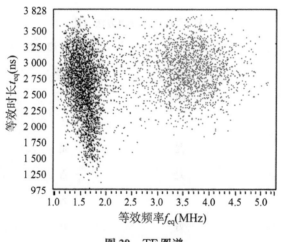

图 29 TF 图谱

（二）三相法

将同一时刻的三相信号分别作为一个向量在三相法分离图中进行向量求和，随后在三相法分离图中生成聚类，如图 30 所示，同一类信号会形成一个聚类，以此来区分不同的信号来源。与此同时，每一个聚类还可以反向关联到 PRPD 图谱中，供测试人员进一步分析确认信号性质。

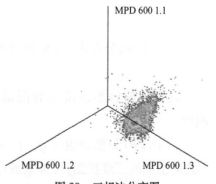

图 30 三相法分离图

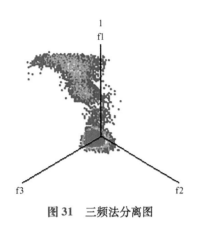

图31　三频法分离图

(三) 三频法

三频法分离的原理与三相法原理类似,不同之处在于三个向量并不是同一时刻的三相信号,而是同一时刻在同一相的三个不同频带下采集到信号分别作为一个向量,在三相法分离图中对其进行向量求和,生成聚类,不同的信号源即在三相法分离图中聚类在不同的位置,这些聚类也能反向关联到 PRPD 图谱中,如图 31 所示。

34 > 局放信号分离方法之间有哪些不同?

三种信号分离方法之间的不同见表3。

表3　三种信号分离方法对比

项目	信号分离方法		
	时频	三频	三相
宽带/窄带	宽带	窄带	窄带
所需通道	1	1	3
PRPD 分离	是	是	是
频谱图分离	是	否	否
脉冲图分离	是	否	否
高频率信号分离效果	好	好	好
低频率信号分离效果	差	好	好

35 > 高频局放检测的常用图谱有哪些?

高频局放检测最常用的图谱包括 PRPD 图谱、时频图谱、时域图谱和频域图谱四种。

其中,PRPD 图谱也叫 $\varphi - q - n$ 图谱,是由相位 φ、放电量幅值 q 和放电脉冲的密度 n 共同组成的三维视图,可根据放电点的分布情况判断信号主要集中的相位、幅值及放电次数,并根据放电点的分布特征来判断局放信号类型。

时频图谱,是指放电信号的频率与时间的关系图,而时域图谱是表明放电信号幅值与时间的关系图,频域图谱则是放电信号幅值与频率的关系图。这四种图谱是判断放电信号是否是局放信号的重要依据,其中时频图可以看成是 PRPD 图谱的延伸,是将多组信号分离的有力工具。这四种图谱如图 32 和图 33 所示。

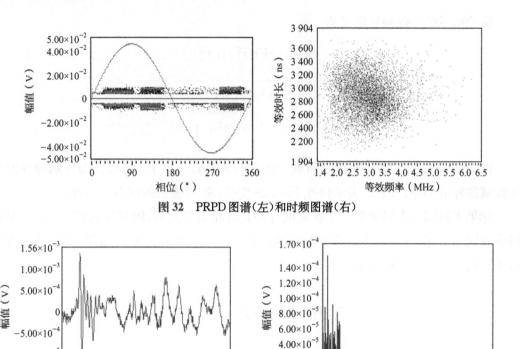

图 32　PRPD 图谱(左)和时频图谱(右)

图 33　时域图谱(左)和频谱图谱(右)

36 〉 时频图谱是如何实现的?

利用"等效频宽-等效时长"(f_{eq} - t_{eq})对应的平面簇技术来实现将局放脉冲与噪声干扰的分离的图谱,称为时频图。f_{eq}-t_{eq} 分离技术用于同时表征信号时域和频域特征。f_{eq} 和 t_{eq} 两个特征的提取是基于脉冲信号的时域测量的,具体方法如下。

按照以下公式从每个检测到的脉冲波形中提取对应的时域脉冲 $s(t)$(脉冲时间长度为 t_s),脉冲信号的时间位置或时间重心为

$$t_0 = \frac{\int_0^{t_s} \tau s(\tau)^2 \mathrm{d}\tau}{\int_0^{t_s} s(\tau)^2 \mathrm{d}\tau}$$

脉冲信号的等效时间长度定义为

$$t_{eq} = \sqrt{\frac{\int_0^{t_s} (\tau - t_0)^2 s(\tau)^2 \, d\tau}{\int_0^{t_s} s(\tau)^2 \, d\tau}}$$

脉冲信号的等效频宽定义为

$$S(f) = FFT[s(t)]$$

$$f_{eq} = \sqrt{\frac{\int_0^{\infty} f^2 \mid S(f)^2 \mid df}{\int_0^{\infty} \mid S(f)^2 \mid df}}$$

以上式中,τ 和 f 表示时域和频域中的积分常数;t_{eq} 和 f_{eq} 可以认为是脉冲在时域和频域的标准偏差;"FFT"表示快速 Fourier 变换;$S(f)$ 表示频域中的脉冲。

如果来自同一个局放源及干扰源的脉冲具有相似的波形,则其投射到 f_{eq} - t_{eq} 平面将形成同一个簇。那么,不同放电源的脉冲在 f_{eq} - t_{eq} 平面就形成不同的簇,从而可进行不同局放源分离及噪声干扰的识别。

37 〉 高频局放检测的典型图谱有哪些?

(一) 电缆内部放电典型图谱

内部放电是指绝缘内部存在的气泡或者杂质引起的局放现象,特征为一个周期内有两簇放电图谱,极性相反,分别位于电压波形的第一、第三象限,且正负极性放电图谱的幅值基本相等。典型图谱如图 34 所示。

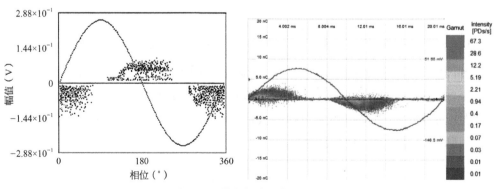

图 34　电缆内部放电典型图谱

（二）电缆尖端放电典型图谱

指气体介质在不均匀电场中的局部自持放电，是最常见的一种气体放电形式。在曲率半径很小的尖端电极附近，由于局部电场强度超过气体的电离场强，使气体发生电离和激励，因而出现电晕放电。

电晕放电特征为一个周期内仅有一簇放电图谱，且放电图谱位于电压波形的负峰值。放电信号表现为负极性。典型图谱如图35所示。

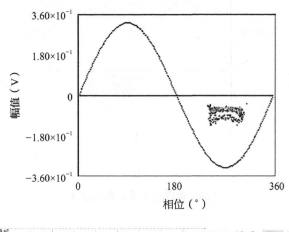

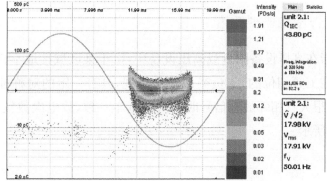

图35 电缆电晕放电典型图谱

（三）电缆沿面放电典型图谱

沿面放电是指绝缘表面上方或沿着绝缘表面的局放，其特征主要表现为一个周期内有两簇放电图谱，极性相反，分别位于电压波形的第一、第三象限，且正负极性放电图谱的幅值相差较大。典型图谱如图36所示。

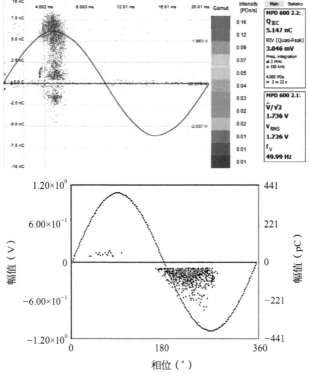

图36 电缆沿面放电典型图谱

（四）电缆悬浮放电典型图谱

悬浮放电是指在高压设备附近或高压设备中，由于某区域接地不良而引起的局放。该放电信号通常在工频相位的正、负半周均会出现，具有一定的对称性，信号呈现横线状，放电信号幅值很大且相邻放电信号时间间隔基本一致，放电次数较少，重复率较低。典型图谱如图 37 所示。

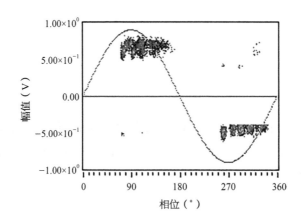

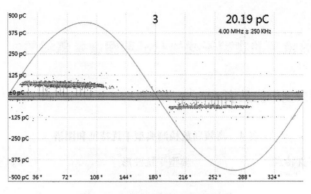

图 37　电缆悬浮放电典型图谱

38 ＞ 如何基于检测图谱识别局放信号？

（1）基于 PRPD 图谱：局放信号具有相位相关性，在每一个周期的第一和第三象限会产生两处相位差值为 180°且极性相反的图谱，如图 38 所示。

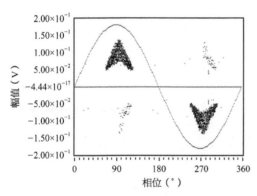

图 38　局放信号的 PRPD 图谱

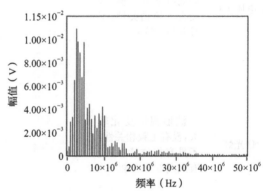

图 39　局放信号的频域图谱

（2）基于频域图谱：从频域图上可以看到，局放信号的整体信号水平明显高于背景信号且从低频到高频有明显的衰减趋势，且越接近局放发生的位置衰减前的频带会越宽，如图 39 所示。

（3）基于时域图谱：局放信号的时域波形呈现单脉冲的特点，上升沿时间短、脉冲带宽窄，且越接近局放源，对应波形的上升沿时间越短，在信号强度大时还可以利用反射波实现局放定位，如图 40 所示。

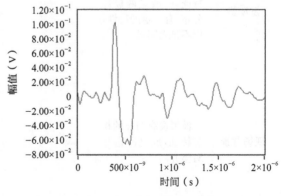

图 40　局放信号的时域图谱

39 高频局放检测的典型干扰的特征和图谱是怎样的?

高频局放检测典型干扰见表 4。

表 4　高频局放检测典型干扰特征和图谱

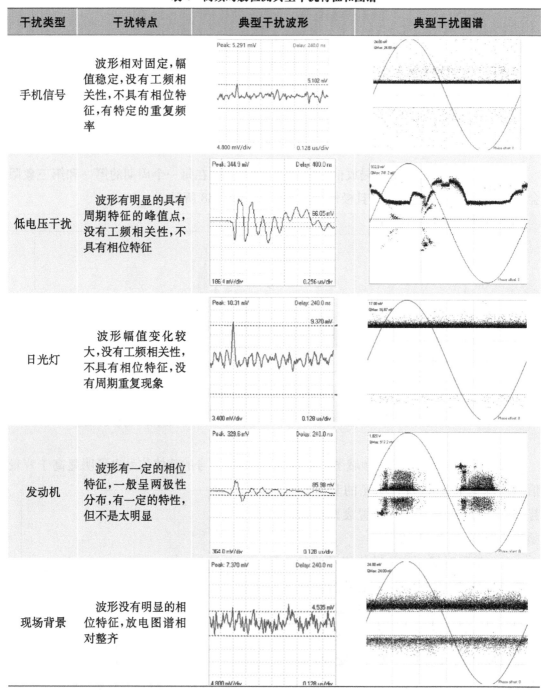

干扰类型	干扰特点	典型干扰波形	典型干扰图谱
手机信号	波形相对固定,幅值稳定,没有工频相关性,不具有相位特征,有特定的重复频率		
低电压干扰	波形有明显的具有周期特征的峰值点,没有工频相关性,不具有相位特征		
日光灯	波形幅值变化较大,没有工频相关性,不具有相位特征,没有周期重复现象		
发动机	波形有一定的相位特征,一般呈两极性分布,有一定的特性,但不是太明显		
现场背景	波形没有明显的相位特征,放电图谱相对整齐		

40 > 高频局放检测定位原理是怎样的?

高频局放检测的定位是利用 HFCT 在电缆终端、各个接头分别进行局放信号的检测,通过对比分析不同检测位置放电信号的 PRPD 图谱、时域图谱和频域图谱,最终确定局放源的位置。定位的过程可以分为粗定位和精确定位。

(一) 粗定位

粗定位主要利用的是放电脉冲信号在电缆中的传输衰减原理,随着放电信号的传播,放电信号幅值减小,脉冲宽度变宽,信号高频成分严重衰减,因而可利用这些特点判断出放电源的初步位置,如图 41 和图 42 所示。

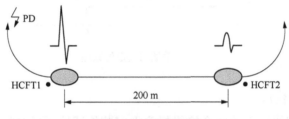

图 41 粗定位原理图

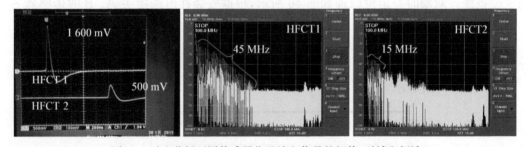

图 42 对比分析不同传感器位置放电信号的幅值、时域和频域

(二) 精确定位

精确定位分为单端回波定位法和双端时差定位法。

(1) 单端回波定位法。

单端回波定位法概念及原理如图 43 和图 44 所示,接头 A 的传感器 S_1 在故障瞬间会接收到两个以上的故障脉冲信号,第一波直接来自故障点,第二波则是来自接头 B 的反射波。故障点距离装有传感器的电缆绝缘接头的距离为 X,该故障点位置的计算公式:

$$X = L - (\Delta t \times V)/2$$

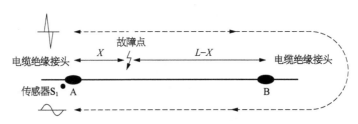

图 43　单端故障行波定位概念

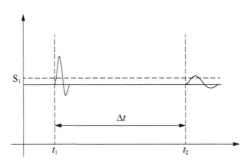

图 44　单端回波定位原理

（2）双端时差定位法。

如图 45 所示，在线路中的两个绝缘接头上安装传感器，可构成一个用于双端时间差的定位系统。双端时差定位原理如图 46 所示，根据安装在电缆接头 A、B 的传感器 S_1、

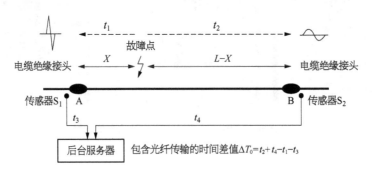

图 45　双端时间差定位概念

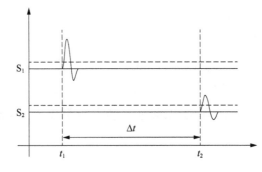

图 46　双端时间差定位原理图

S_2 检测到的故障行波到达时间差可以计算故障点位置,计算公式:

$$X = (L - \Delta t \times V)/2$$

当定位装置的通信光纤长度不一样时,计算时需将光纤传输的时间差$(t_4 - t_3)$减去,计算公式:

$$X = (L - \Delta T \times V)/2$$
$$\Delta T = \Delta T_0 - (t_4 - t_3)$$

第二节 · 特高频局部放电检测

41 > 特高频局放检测的原理是什么?

通常电力设备绝缘体中绝缘强度和击穿场强都很高,当局放在很小的范围内发生时,击穿过程很快,将产生很陡的脉冲电流,其上升时间小于 1 ns,并激发频率高达 300 MHz~3 GHz 的电磁波。特高频局放检测就是基于局放发生时产生的电磁波进行检测的。电磁波的信号会沿着电气设备内部结构进行传播、反射、折射、迟延、衰减,一部分电磁波信号通过电气设备金属外壳的间隙或绝缘件(如 GIS 的盆式绝缘子等)发射到外界,我们通过高灵敏度内置型或外置型传感器进行检测,从而获得局放的相关信息,实现局放检测。

42 > 电磁波的传播特性是怎样的?

特高频法检测的对象是局放产生的电磁波信号,信号的频带范围一般是 300 MHz 到 3 GHz 之间,不同的放电类型所产生的中心频率有所不同。

如此高频率的电磁波在空间中的传播必定存在衰减,它的衰减特性公式如下:

$$L_s = 10 \lg\left(\frac{4\pi d}{l}\right)^2$$

式中,d 为传播距离,单位为 m;l 为波长,单位为 m;$l = c/f$,c 为光速 3×10^3 m/s,f 为电磁波的频率,单位为 Hz。

结合以上两式,并将距离单位调整为 km,频率单位调整为 GHz。可以得出下式:

$$L_s = 92.4 + 20 \lg d + 20 \lg f$$

即中心频率为 1 GHz 的电磁波,当传播距离为 1 km 时衰减为 92.4 dB,当传播距离为 0.5 km 时衰减为 86.4 dB,当传播距离为 0.1 km 时,衰减为 72.4 dB。

当电缆 GIS 终端发生局放时,激发出的电磁波会透过环氧树脂等非金属部件传播出来,随后通过外置的特高频传感器进行检测。

受 GIS 结构的影响,局放激励的电磁波信号在传播时信号的波形和幅值等参数都会发生变化。GIS 管体的结构类似于波导,特高频电磁波在传播时的衰减较小,能传播到较远的距离。而 GIS 波导壁为非理想导体,电磁波的幅值和能量会沿着传播方向逐渐衰减。与此同时,GIS 中的 SF_6 气体也会引起波导管中的介质损耗,造成一定程度的衰减。

通常局放激励的电磁波信号经过第一个绝缘子时由于色散效应、反射及泄露等的影响,衰减较大,达 7.1 dB,而后电磁波信号经过绝缘子衰减变得较小;经过 6 个绝缘子后的信号与发生局放的气室中的信号相比只有其 10%,即衰减达 20 dB。衰减特性见表 5。

表 5　电磁波信号经过 GIS 各部件后的衰减特性

部件参数	电磁波经过多个绝缘子的衰减(dB)			电磁波经过 L 分支后的衰减(dB)	电磁波经过 T 分支后的衰减(dB)	
	第一个绝缘子	第二个绝缘子	第三个绝缘子		直线部分	垂直部分
信号幅值	7.1	3.2	2.6	8.0	6.9	10.5
400 MHz 低通滤波信号幅值	1.5	1.4	1.6	0.9	3.9	4.9
信号能量	16.9	6.6	8.5	25.1	14.9	19.1

43 > 特高频局放检测装置由哪些部分组成?

特高频局部放电检测装置主要由下列部分组成。

(1) 特高频传感器:也称为耦合器,用于传感 300～3 000 MHz 的特高频无线电信号,其主要由天线、高通滤波器、放大器、耦合器和屏蔽外壳组成,天线所在面为环氧树脂,用于接收放电信号,其他部分采用金属材料屏蔽,以防止外部信号干扰。特高频传感器的检测灵敏度常用等效高度 H 来表征,单位为 mm。其计算方法为 $H = U/E$。其中,U 为传感器输出电压,单位为 V;E 为被测电场,单位为 V/mm。

(2) 信号放大器(可选):一般为宽带带通放大器,用于传感器输出电压信号的处理和放大。通常信号放大器的性能用幅频特性曲线表征,一般情况下在其通带范围内放大数为 17 dB 以上。

（3）检测仪器主机：用于接收、处理耦合器采集到的特高频局放信号。对于电压同步信号的获取方式，通常采用主机电源同步、外电源同步及仪器内部自同步三种方式，获得与被测设备所施电压同步的正弦电压信号，用于分析主机特征谱图的显示与诊断。

（4）分析主机（一般为笔记本电脑）：安装专门的局部放电数据处理及分析诊断软件对采集的数据进行处理，识别放电类型、判断放电强度。

特高频局放检测装置组成如图 47 所示。特高频传感器负责接收电磁波信号，并将其转变为电压信号，再经过信号调理与放大，由检测仪器主机完成信号的 A/D 转换、采集及数据处理工作。然后将预处理过的数据经过网线或 USB 数据线传送至分析诊断单元（一般为笔记本电脑）。

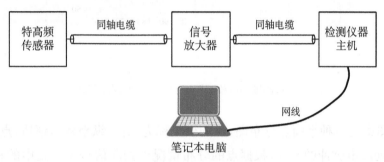

图 47　特高频局放检测装置组成

44 > 特高频传感器的工作原理是什么？

特高频传感器主要分为电容耦合器和特高频天线两大类，其中特高频天线应用最为广泛。

当特高频天线周围存在电磁波时，在其作用下，特高频天线振子上就会产生感应电动势。将天线与接收设备相连，则在接收设备输入端就会产生高频电流，进一步通过示波器或数据采集转化为电压信号。天线接收效果的好坏取决于天线的方向性和半边对称振子及接收设备的匹配。根据振子形状的不同，特高频天线可以分为平面天线（如等角螺旋天线、阿基米德天线、微带天线等）、锥形天线（如盘锥、双锥等）及喇叭天线。其中平面天线体积小、加工简单、易于设计且驻波比平坦等众多优点使其在特高频局放检测中应用最多。

45 > 特高频局放检测图谱有哪些？

特高频检测图谱可分为两大类：脉冲序列相位分布（Phase Resolved Pulse

Sequence，PRPS)图谱、PRPD 图谱。

PRPS 图谱是一种实时三维图，一般情况下 x 轴表示相位，y 轴表示信号周期数值，z 轴表示信号强度或幅值。PRPS 谱图是特高频法局放类型识别最主要的分析谱图，如图 48 所示。

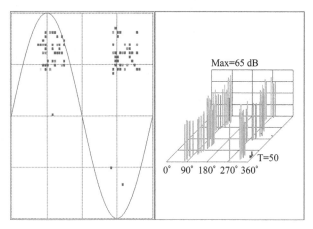

图 48　特高频局放检测图谱（左：PRPD；右：PRPS)

PRPD 图谱是一种平面点分布图，点的横坐标为相位、纵坐标为幅值，点的累积颜色深度表示此处放电脉冲的密度，根据点的分布情况可判断信号主要集中的相位、幅值及放电次数情况，并根据点的分布特征来对放电类型进行判断。PRPD 图谱也是特高频法局放类型识别常用的分析图谱，如图 48 所示。

46 ＞ 特高频局放的典型图谱是怎样的？

特高频局放典型图谱见表 6。

表 6　特高频局放典型图谱示例

类型	放电模式	典型放电二维图谱	典型放电三维图谱
自由金属颗粒放电	金属颗粒和金属颗粒间的局放，金属颗粒和金属部件间的局放	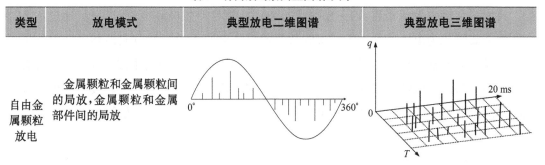	
	放电幅值分布较广，放电时间间隔不稳定，其极性效应不明显，在整个工频周期相位均有放电信号分布		

（续表）

类型	放电模式	典型放电二维图谱	典型放电三维图谱
悬浮电位体放电	松动金属部件产生的局放	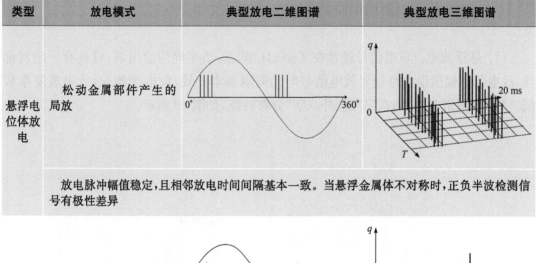	
	放电脉冲幅值稳定，且相邻放电时间间隔基本一致。当悬浮金属体不对称时，正负半波检测信号有极性差异		
绝缘件内部气隙放电	固体绝缘内部开裂、气隙等缺陷引起的放电	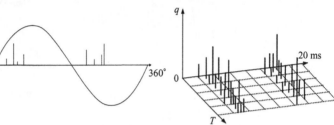	
	放电次数少，周期重复性低。放电幅值也较分散，但放电相位较稳定，无明显极性效应		
沿面放电	绝缘表面金属颗粒或绝缘表面脏污导致的局放	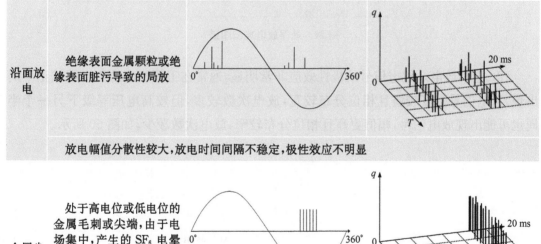	
	放电幅值分散性较大，放电时间间隔不稳定，极性效应不明显		
金属尖端放电	处于高电位或低电位的金属毛刺或尖端，由于电场集中，产生的 SF_6 电晕放电		
	放电次数较多，放电幅值分散性小，时间间隔均匀。放电的极性效应非常明显。通常仅在工频相位的负半周出现		

47 〉 如何基于检测图谱进行局放信号识别？

（1）悬浮放电。放电信号通常在工频相位的正、负半周均会出现，且具有一定对称性，放电信号幅值很大且相邻放电信号时间间隔基本一致，放电次数少，放电重复率较低。PRPS 图谱具有"内八字"或"外八字"分布特征，如图 49 所示。

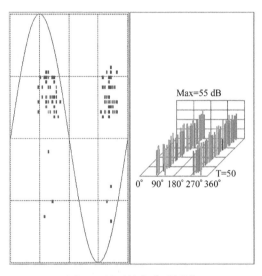

图 49　悬浮放电典型图谱

（2）电晕放电。放电信号的极性效应非常明显，通常在工频相位的负半周或正半周出现，放电信号强度较弱且相位分布较宽，放电次数较多，但较高电压等级下另一个半周也可能出现放电信号，幅值更高且相位分布较窄，放电次数较少，如图 50 所示。

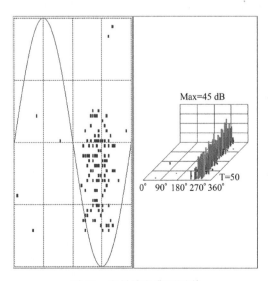

图 50　电晕放电典型图谱

（3）沿面放电。放电信号通常在工频相位的正、负半周均会出现，放电信号强度相对较低且相位分布较宽，放电次数较多，工频相位下的对称性不强，如图51所示。

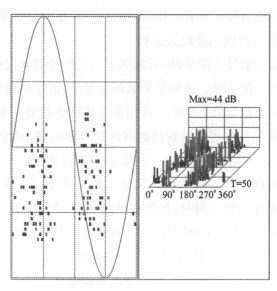

图51　沿面放电典型图谱

（4）内部放电。放电信号通常在工频相位的正、负半周均会出现，且具有一定对称性，放电信号幅值较分散，且放电次数较少，如图52所示。

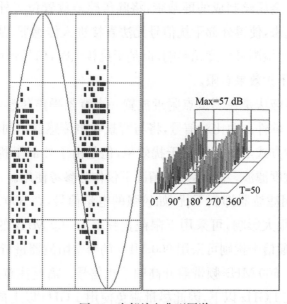

图52　内部放电典型图谱

48 特高频检测的典型干扰有哪些?

(1)手机信号。手机信号比较有规律,无相位特征,很容易识别,将现场检测的人员手机关机或开启飞行模式可以消除此类干扰。

(2)雷达信号。雷达信号不能屏蔽,只能等它不工作的时候进行检测。

(3)电动机产生的干扰信号。这种信号来源最复杂,通常很难发现信号源。

(4)接地网产生的干扰信号。变电站内很多电气设备共用一个接地网,别的电气设备上面产生的各种干扰信号有可能沿着接地网传到GIS内部,对检测造成干扰。

(5)荧光灯、日光灯产生的干扰信号。正常的荧光灯日光灯不会产生特高频干扰信号,但是个别灯具内部有问题时,从外别看不出异常,还可以正常发光,但是会产生剧烈的特高频干扰信号。因此现场检测时,如果有可能,务必关掉所有的灯具。

(6)电源产生的干扰信号。电网内有大量的电力电子设备可以产生高频谐波,这些高频信号可以通过试验仪器的外接电源进入检测系统,因此检测仪器如果需要外接电源,一般需要接入低通滤波器,过滤掉电网里面的高频杂波。

49 特高频局放检测设备是如何排除干扰的?

常见干扰信号排除手段主要有屏蔽带法、背景干扰测量屏蔽法和滤波器法。

屏蔽带法采用由金属丝制成的屏蔽带,将除传感器放置位置外的盆式绝缘子其他外露部位全部包扎起来,使得外部干扰信号无法直接进入传感器,从而实现抗干扰的效果。这种方法简单,对检测灵敏度无影响,但是干扰较强时,信号仍可通过套管或其他盆式绝缘子处进入,抗干扰效果有限。

背景干扰测量屏蔽法是在测试点附近放置一个背景噪声传感器,同时检测周围环境中的电磁波信号。软件自动比对信号,将与背景噪声传感器相同的信号滤掉,从而达到抗干扰效果。这种方式虽能达到抗干扰效果,但是由于外部干扰信号有可能与内部放电信号重叠导致过度滤波。因此,一般情况下仅作为参考使用。

滤波器法是利用滤波器抑制干扰,如较强的电晕信号,在 300MHz 以上幅值仍很高,对现场检测造成很大影响,可采用下限截止频率为 500MHz 的高通滤波器进行抑制;对于常见的手机通信干扰则可采用 900MHz 的窄带阻波器进行抑制;还可使用窄带法检测,如选择 300~600MHz 频带避开高频干扰信号。需要注意的是,局放产生的电磁波信号主要集中在 1GHz 以下,因此尽量避免使用 1GHz 以上的高通滤波器抗干扰检测。

50 ⟩ 特高频局放检测干扰信号的典型特征和图谱是怎样的？

特高频局放检测干扰信号特征及图谱见表7。

表7 特高频干扰信号的典型图谱示例

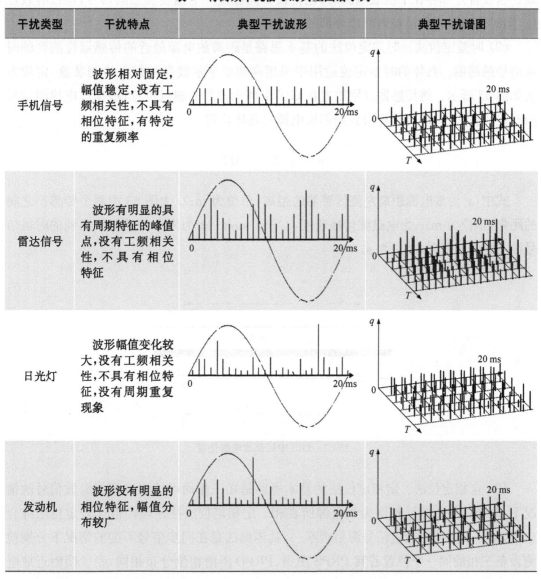

干扰类型	干扰特点	典型干扰波形	典型干扰谱图
手机信号	波形相对固定，幅值稳定，没有工频相关性，不具有相位特征，有特定的重复频率		
雷达信号	波形有明显的具有周期特征的峰值点，没有工频相关性，不具有相位特征		
日光灯	波形幅值变化较大，没有工频相关性，不具有相位特征，没有周期重复现象		
发动机	波形没有明显的相位特征，幅值分布较广		

51 ⟩ 特高频局放检测定位方法？

特高频法的主要定位方法有幅值比较定位法、时差定位法、定相定位法、三维空间定位法等,下面一一介绍。

(1)幅值比较定位法。幅值比较定位法的基本思路是距离放电源最近的传感器检测到的信号最强,当在多个点同时检测到放电信号时,信号强度最大的测点可判断为最接近放电源的位置。幅值比较定位法的准确性往往受到现场检测条件的限制。当放电信号很强时,在较小的距离范围内难以观察到明显的信号强度变化,使精确定位面临困难。当设备外部存在干扰放电源时,也会在不同位置产生强度类似的信号,难以有效定位,同时也难以区分设备内部或外部的放电。

(2)时差定位法。时差定位法的基本思路是距离放电源最近的传感器检测到的时域信号最超前。具体的时差定位适用于采用高速数字示波器的带电检测装置,定位方法如图 53 所示。将传感器分别放置在 GIS 上两个相邻的测点位置,根据放电检测信号的时差,利用下式即可计算得到局部放电源的具体位置:

$$x = \frac{1}{2}(L - c\Delta t)$$

式中,x 为放电源距离左侧传感器的距离,单位为 m;L 为图 53 中两个传感器之间的距离,单位为 m;c 为电磁波传播速度,3×10^8 m/s;Δt 为两个传感器检测到的时域信号波头之间的时差,单位为 s。

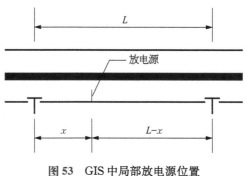

图 53 GIS 中局部放电源位置

(3)定相定位法。定相定位法的基本思路是在三相均可检测到相似局放信号的情况下,时域信号的差异相即为放电源所在相。定相定位法往往与幅值比较定位法综合应用,第一步是确定放电信号源是否唯一,具体做法是在同步信号不变的情况下分别检测设备三相的同一个位置若其 PRPS 图谱、PRPD 图谱相位分布相同,则说明附近放电信号来自于一个放电源,若相位分布不同,则说明附近存在两个或两个以上的放电源;第二步是确定放电源相别,具体做法是应用高速示波器同时检测设备三相相同位置的特高频局放时域信号,若两相极性与另外一相相反,则相反的相即为放电源所在相别。定相定位法也常用于高频局放检测的定位当中。

（4）三维空间定位法。三维空间定位法首先将两个传感器按照相同朝向放置，移动两个传感器的位置，使示波器两个通道信号重叠，这时，信号源位于两个传感器中间的一个平面上。同样的方式在相对的方向上及上下的方向上各确定一个平面，最终可查找信号源的位置，如图 54 所示。

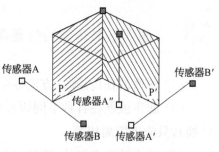

图 54　三维空间定位法原理图

第三节 · 超声波局部放电检测

52 〉 超声波局放检测原理是怎样的？

电力设备内部产生局放信号的时候，会产生冲击的振动及声波。局放发生前，放电点周围的电场应力、介质应力、粒子力处于相对平衡状态。局放是一种快速的电荷释放或迁移过程，这将导致放电点周围的电场应力、机械应力与粒子力失去平衡状态而出现振荡，机械应力与粒子力的快速振荡，导致放电点周围介质的振动，从而产生声波信号。该方法的特点是传感器与电力设备的电气回路无任何联系，不受电气方面的干扰，但在现场使用时易受周围环境噪声或设备机械振动的影响。

超声波局放检测的原理如图 55 所示。检测时，在设备腔体或外壁上安装超声波传感器，使得超声波信号被转换为模拟信号，并通过同轴电缆传输至检测主机（测量系统）。采用多通道超声波检测可以实现对放电源的定位，通过提取超声波信号到达不同传感器的时间差，利用其传播速率即可实现对放电源的二维或三维定位，通过对比两路或多路超声波检测信号的强度大小，即可实现对放电源的幅值定位。

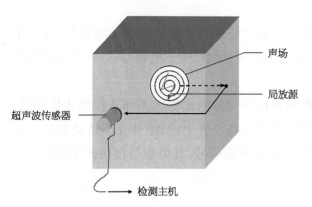

图 55　超声波局放检测设备装置组成

53 > 超声波的传播特性是怎样的？

（1）超声波在传播时，方向性强，能量易于集中。

（2）超声波能在各种不同媒质中传播，但在不同介质交界面能量损失严重（声阻抗转换），只能近距离传播。

（3）超声波可在气体、液体、固体等介质中有效传播。

（4）超声波会产生反射、干涉、叠加和共振现象。

54 > 超声波局放检测装置由哪些部分组成？

如图56所示，典型的超声波局放检测装置一般可分为超声波传感器、数据采集单元和数据处理单元三个主要部分，其中数据采集单元包含了滤波器、放大器和检波器，数据处理单元包括显示单元、控制单元和充电单元。

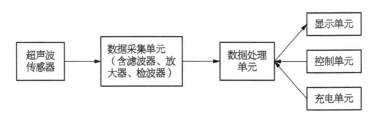

图56　超声波局放检测系统示意图

（一）超声波传感器

超声波传感器将声发源在被探测物体表面产生的机械振动转换为电信号，在整个频谱范围内（20～300 kHz或更大）能将机械振动线性地转变为电信号，并具有足够的灵敏度以探测很小的位移。

电力设备局放检测用超声波传感器通常可分为接触式传感器和非接触式传感器。接触式传感器一般通过超声耦合剂贴合在电力设备外壳上，检测外壳上传播的超声波信号；非接触式传感器则是直接检测空气中的超声波信号，其原理与接触式传感器基本一致。

超声波传感器的特性有以下四个。

（1）频响宽度。频响宽度即为传感器检测过程中采集的信号频率范围，不同的传感器其频响宽度也有所不同，接触式传感器的频响宽度大于非接触式传感器。在实际检测中，典型的GIS用超声波传感器的频响宽度一般为20～80 kHz。

（2）谐振频率。谐振频率也称为中心频率。不同的电力设备发生局放时，由于其放电机理、绝缘介质及内部结构的不同，产生的超声波信号的频率成分也不同，因此对应的传感器谐振频率也有一定的差别。

（3）幅度灵敏度。灵敏度是衡量传感器对于较小的信号的采集能力，随着频率逐渐偏移谐振频率，灵敏度也逐渐降低，因此选择适当的谐振频率是保证较高的灵敏度的前提。

（4）工作温度。工作温度是指传感器能够有效采集信号的温度范围，由于超声波传感器所采用的压电材料的居里点一般较高，因此其工作温度比较低，可以较长时间工作而不会失效，但一般要避免在过高的温度下使用。

超声波传感器是超声法局放检测中的关键，在实际选用中应结合工作频带、灵敏度、分辨率及现场的安装难易程度和经济效益问题等进行综合衡量。在安装方式可实现的条件下，可以考虑不同的传感器进行组合安装，这种组合可以是不同传感器对同一种安装方式的组合，也可以是同一种传感器不同频带宽度的组合。这样一方面可提高检测灵敏度，另一方面可排除干扰减少误判，获取更为丰富的局放信息。

（二）数据采集单元

数据采集单元一般包括前端的滤波器、模拟信号放大调理电路和高速 A/D 采样。现场采集到的信号往往夹杂着很多干扰和噪声，会影响局放信号的判断，因此首先要对采集到的超声信号进行滤波。由于超声波信号衰减速率较快，在前端对其进行就地放大是有必要的，且放大调理电路应尽可能靠近传感器。A/D 采样将模拟信号转换为数字信号，并送入数据处理电路进行分析和处理。

数据采集单元应具有足够的采样速率和信号传输速率。高速的采样速率保证传感器采集到的信号能够被完整地转换为数字信号，而不会发生混叠或失真；稳定的信号传输速率使得采样后的数字信号能够流畅地展现给检测人员，并且具有较快的刷新速率，使得检测过程中不致遗漏异常信号。

（三）数据处理单元

（1）显示单元。

显示单元是指检测装置将其采集处理后的数据展现给检测人员，一般有两种方式：一是通过操作系统编写特定的软件，在检测装置运行过程中通过软件中的不同功能将各种分析数据显示出来，供检测人员进行分析，变压器与 GIS 的超声波局放检测装置通常为这种形式；二是将传感器检测到的信号参数以直观的形式显示出来，如开关柜的超声波局放检测通常可通过记录信号幅值和听放电异音的方式来完成。

（2）控制单元。

超声波局放检测装置对其采集的信号通过控制软件进行处理,分析检测中的各种参数,得到结果会展示给检测人员。常用控制软件的检测模式包括连续模式、脉冲模式、相位模式、特征指数模式,以及时域波形模式等,分析参数包括信号在一个工频周期内的有效值、周期峰值、被测信号与 50 Hz、100 Hz 的频率相关性（即 50 Hz、100 Hz 频率成分）、信号的特征指数和时域波形等。超声波局放检测装置通常配有数据存储功能,在检测背景噪声信号及可疑的异常信号时,可以对数据进行存储,以便进行对比和分析。

（3）充电单元。

超声波检测设备由于其便携性,一般采用可充电电池供电,且充满电后单次供电时间不低于 4 h。

由于超声波信号传播具有较强的方向性特点,因此超声波局放检测被广泛应用于缺陷的精确定位,而其在缺陷类型的识别方面却鲜有突破。目前,常用的超声波局放检测装置对于缺陷类型的识别主要依靠检测人员对检测参数进行分析后加以判断。

55 〉 超声波传感器的工作原理是什么？

超声波传感器是将超声波信号转换成其他能量信号（通常是电信号）的传感器。超声波是振动频率高于 20 kHz 的机械波,它具有频率高、波长短、绕射弱,特别是还具有方向性好、能够成为射线而定向传播等特点。超声波对液体、固体的穿透本领很大,尤其是在不透光的固体中。

超声波传感器由压电晶片组成,压电晶片在机械力作用下产生形变,使带电质点发生相对位移,从而在压电晶片出现正、负束缚电荷。

接触式超声波传感器：贴在电力设备表面,检测局放产生的超声波信号在电力设备表面金属板中传播所感应的振动现象。检测频带：20～200 kHz。

空气式超声波传感器：检测局放产生的超声波信号在空气中传播时的振动现象。中心频率：38 kHz、40 kHz。

56 〉 超声波局放检测图谱有哪些？

（1）幅值图谱：如图 57 所示,幅值图谱可显示被测信号在一个工频周期内的有效值、周期最大值,以及被测信号与一倍频率和两倍频率的相关性。通过不同参数值的大小组合可快速判断被测设备是否存在异常局放及可能的放电类型。

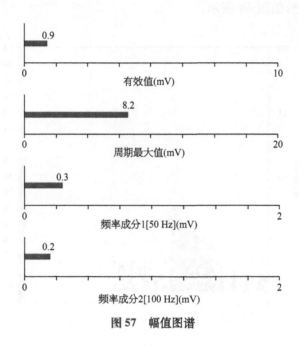

图 57 幅值图谱

（2）相位图谱：由于局放信号的产生具有工频相关性，因此可以将工频频率作为参考量，通过观察被测信号的发生相位是否具有聚集效应来判断被测信号是否为放电信号及放电类型，如图 58 所示。

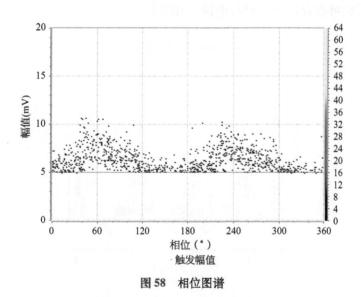

图 58 相位图谱

（3）飞行图谱：记录微粒每次碰撞壳体时的时间和产生的脉冲幅值，并以飞行图的形式显示出来。脉冲图谱检测用于测量颗粒的飞行时间和测量脉冲信号之间的间隔，并根据幅值及时间间隔，用图谱中的一个点表示出来，最终进行脉冲分布统计，是判断颗粒放电的主要图谱,如图 59 所示。

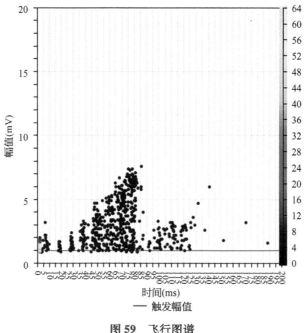

图 59　飞行图谱

(4) 波形图谱:显示超声信号的包络波形图谱,如图 60 所示。数据采集时以周期频率同步触发,因此可查看包络信号与电网的相关性。

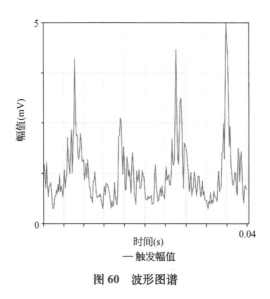

图 60　波形图谱

57 > 如何基于检测图谱进行局放信号识别?

(一)自由金属颗粒放电

GIS 内部存在的颗粒都是有害的,它的随机运动可能会引起信号增大或信号消失,颗粒陷入壳体或其他部分不再运动时,等同于毛刺。

自由金属颗粒的放电图谱见表 8,放电信号极性效应不明显,任意相位上均有分布,放电次数少,放电信号幅值无明显规律,放电信号时间间隔不稳定。

表 8　自由金属颗粒缺陷典型图谱

检测模式	飞行图谱	相位图谱	波形图谱
典型图谱	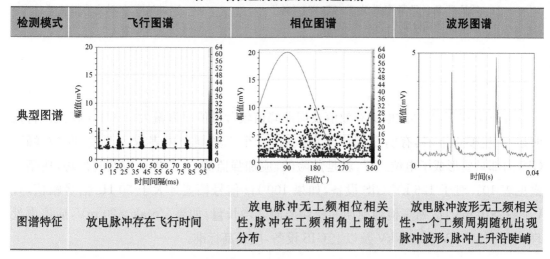		
图谱特征	放电脉冲存在飞行时间	放电脉冲无工频相位相关性,脉冲在工频相角上随机分布	放电脉冲波形无工频相关性,一个工频周期随机出现脉冲波形,脉冲上升沿陡峭

对于运行中的 GIS 设备,颗粒信号的峰值:背景噪声 $<V_{peak}<5$ dB 可不进行处理;5 dB$<V_{peak}<10$ dB 应缩短检测周期,监测运行;$V_{peak}>10$ dB 应进行检查。

(二)电晕放电

被测设备内部金属部件上有毛刺,而产生电晕放电。连续模式下,有效值及周期峰值较背景值明显偏大,50 Hz 相关性、100 Hz 相关性特征明显,且 50 Hz 相关性大于 100 Hz 相关性;相位模式下,具有明显相位聚集效应,一个工频周期内表现为一簇,即"单峰",典型图谱见表 9。毛刺一般在壳体上,但导体上的毛刺危害更大。如果毛刺发生在壳体上,$V_{peak}<2$ mV,可以继续运行,毛刺发生在导体上 $V_{peak}>2$ mV 建议停电处理或密切监测。只要信号高于背景值,都是有害的,应根据工况酌情处理。在耐压过程中发现毛刺放电现象,即便低于标准值,也应进行处理。

表9 电晕缺陷典型图谱

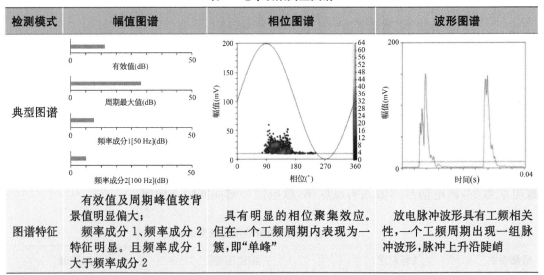

检测模式	幅值图谱	相位图谱	波形图谱
图谱特征	有效值及周期峰值较背景值明显偏大；频率成分1、频率成分2特征明显。且频率成分1大于频率成分2	具有明显的相位聚集效应。但在一个工频周期内表现为一簇，即"单峰"	放电脉冲波形具有工频相关性，一个工频周期出现一组脉冲波形，脉冲上升沿陡峭

(三) 悬浮放电

连续模式下，悬浮放电的有效值及周期峰值较背景值明显偏大，100 Hz 相关性特征明显；相位模式下，具有明显相位聚集效应，一个工频周期内表现为两簇，即"双峰"。GIS 内部只要形成了电位悬浮，就是危险的，应加强监测，有条件就应及时处理，典型图谱见表10。对于 126 kV GIS 设备，如果 100 Hz 信号幅值远大于 50 Hz 信号幅值，且 $V_{peak}>10$ mV，应缩短检测周期并密切监测其增长量；如果 $V_{peak}>20$ mV，应停电处理。对于 363 kV 和 550 kV 及以上 GIS 设备，应提高标准。

表10 悬浮缺陷典型图谱

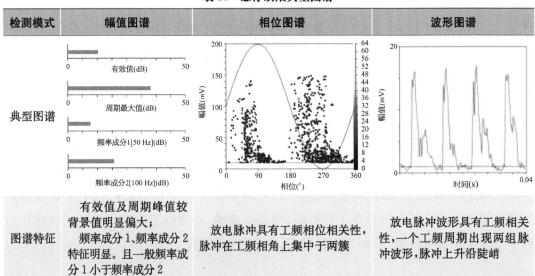

检测模式	幅值图谱	相位图谱	波形图谱
图谱特征	有效值及周期峰值较背景值明显偏大；频率成分1、频率成分2特征明显。且一般频率成分1小于频率成分2	放电脉冲具有工频相位相关性，脉冲在工频相角上集中于两簇	放电脉冲波形具有工频相关性，一个工频周期出现两组脉冲波形，脉冲上升沿陡峭

58 超声波局放检测的干扰有哪些？

（一）机械振动干扰

机械振动信号主要由机械应力、电磁力及放电类缺陷等引发的振动而产生，且振动信号有很强的随机性。通过研究表明，振动信号多出现在低频段，一般可通过图谱特征法和频率法进行识别。

机械振动信号无固定的 50 Hz 或 100 Hz 相关性，在连续模式下观察到异常时，即需要查看相位模式进行确认。典型的机械振动在相位模式下多呈现多个竖条状，但并非所有振动信号都有该特征，如遇其他振动信号时，应采用超高频法和气体组成分析法结合判断。

虽然机械振动不一定会产生局放，但设备长期振动会引起部件松动，因此需要关注振动幅值的变化趋势，以便及时处理。

（二）外部电晕噪声干扰

敞开的一次导线处均会产生外部电晕噪声干扰，较强的外部电晕噪声会在设备外壳上产生明显的超声波信号干扰。在进行超声波检测时会在外壳上测得明显异常信号，该信号一般具备典型电晕放电特征或悬浮放电特征，即信号存在 50 Hz 或 100 Hz 频率相关性，同时相位分布具有极性效应。

外部电晕噪声在外壳上耦合产生的超声信号幅值较低，分布呈现出区域性的特点。现场检测经验显示，可以用对比法和遮盖法加以辨别。

对比法：取临近的其他设备做检测点进行对比，若检测到相似信号，即信号来自于外部干扰。

遮盖法：对吸音棉等对异常信号部位进行遮盖，若信号明显减小，即信号来自于外部干扰。

（三）磁致伸缩噪声干扰

在检测电缆 GIS 终端设备时，要注意采用高导磁率钢材质的 GIS 设备，由于在交变磁场下铁磁材料的伸缩效应会产生振动，从而产生磁致伸缩噪声。该噪声具有明显的 100 Hz 频率相关性，信号峰值略高于背景值，这样就形成了与悬浮电位放电相似的信号图谱，非常容易误判。

在判断该噪声时，注意磁致伸缩噪声一般在 GIS 罐体上检测时，每点均能检测到异常的超声，所有点的超声波信号相近。而若是 GIS 内部局放信号，则离放电源越近，信号强度越大,100 Hz 频率成分越高,这是该噪声与放电性信号最大的区别。

59 超声波局放检测定位方法是怎样的?

(1) 多传感器定位法:利用时延方法实现空间定位。在疑似故障部位利用多个传感器同时测量,并以信号首先到达的传感器作为触发信号源,就可以得到超声波从放电源至各个传感器的传播时间,再根据超声波在 GIS 媒质中的传播速度和方向,就可以确定放电源的空间位置。

(2) 单传感器定位法:移动传感器,测试气室不同的部位,找到信号的最大点,对应的位置即为缺陷点。并通过以下两种方法判断缺陷是否在罐体或中心导体上。

方法一:通过调整测量频带的方法,将带通滤波器测量频率从 100 kHz 减小到 50 kHz,如果信号幅值明显减小,则缺陷应在壳体上;如果信号水平基本不变,则缺陷位置应在中心导体上。

方法二:如果信号水平的最大值在 GIS 罐体表面周线方向的较大范围出现,则缺陷位置应在中心导体上;如果最大值在一个特定点出现,则缺陷应在壳体上。

第三章

高压电缆现场局部放电检测

第一节 · 基本要求

60 〉 **电力电缆局放带电检测人员应具备哪些条件？**

（1）熟悉《电力安全规程》。

（2）熟悉局放检测的基本原理、诊断程序和缺陷定位的方法。

（3）了解局放检测仪的技术参数和性能，掌握局放检测仪的操作程序和使用方法。

（4）了解被测电力设备的结构特点、运行状况和导致设备故障的基本因素。

（5）经过上岗培训并考试合格。

（6）具有一定的现场工作经验，熟悉并能严格遵守电力生产和工作现场的相关安全管理规定。

61 〉 **现场检测时需要遵守的安全措施有哪些？**

（1）应严格执行国家电网公司《电力安全工作规程（变电部分）》的相关要求。

（2）应确保操作人员及检测仪器与电力设备的带电部位保持足够的安全距离。

（3）应避开设备防爆口或压力释放口。

（4）测试中，电力设备的金属外壳应接地良好。

（5）在进行检测时，应穿好安全防护用品，带好绝缘手套，避免手部直接接触传感器金属部件。

（6）按相关安全生产管理规定办理工作许可手续。

62 现场检测环境应具备哪些条件？

（1）检测目标及环境的温度不宜低于−40 ℃。

（2）环境相对湿度不宜大过80％，雷、雨、雾、雪等天气不建议进行检测，尤其是包含户外终端的回路。

（3）检测时应避免手机、相机闪光灯、现场闪烁照明灯等信号的干扰。

（4）检测应避免其他在线检测报警设备（如气体检测、防盗检测）等对检测数据的影响。

（5）进行检测时应避免机械干扰源和大型设备振动带来的影响。

63 现场检测前的准备工作有哪些？

（1）检测前，应了解被测电缆长度、型号、制造厂家、安装日期等信息及运行情况。

（2）配备与检测工作相符的图纸、上次检测记录、标准化作业执行卡。

（3）检查环境、人员、仪器、设备满足检测条件。

（4）确认被测设备接地良好，无开路风险。

（5）现场具备安全可靠的独立电源，禁止从运行设备上接取检测用电源。

（6）按相关安全生产管理规定办理工作许可手续。

第二节·带电局部放电检测

64 什么是带电局放检测？

带电局放检测就是按照规定的检测周期使用便携式局放检测设备（通常为高频局放检测设备）对电缆线路进行局放检测，记录其运行状态数据和各种局放参数，判断电缆线路运行状态的一种检测手段，该检测基于电缆线路的主体结构——电缆本体、电缆接头和电缆终端（包括 GIS 终端和户外终端），每个部位的检测时间不小于 15 min。

65 〉 高压电缆高频局放检测的测试步骤是什么？

不同高频局放检测设备的测试步骤基本相同，主要包括以下五个步骤。

（1）仪器设备连接：设备应放置在平稳处，并将其正确地与传输线、计算机、检测仪器电源及同步信号采集装置相连接。被试端应根据设备情况选择合适的传感器连接方式。所有接线连接可靠无误后开机。

（2）仪器工况检查：开机后，运行检测软件，检查主机与计算机通信传输状况是否良好。同时查看设备有无采集到同步信号，若未采集到同步信号，则可根据检测设备特点选择内同步或手动输入同步信号。

（3）设置检测参数：按照检测线路名称设置文件名，根据现场噪声水平设定各通道信号检测阈值。

（4）信号检测：观察各通道检测到的信号，如果检测信号无异常，保存数据后，进行下一通道的信号采集；若在某通道上检测到疑似放电信号，则应加长观测时间，对该信号采集多组图谱，做好保存记录。

（5）试验结束后，收置好检测仪器，恢复现场情况。

其检测流程如图 61 所示。

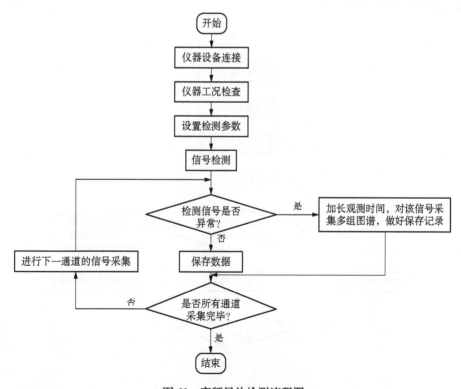

图 61　高频局放检测流程图

66 高压电缆特高频局放检测的测试步骤是什么？

步骤如下。

（1）仪器设备连接：将仪器放置在平稳的位置上，依照被试端条件，使用内置或外置的传感器，将外置的传感器固定在盆式绝缘子上，将检测仪主机及传感器正确接地，计算机、检测仪主机连接电源，开机。

（2）仪器工况检查：开机后，运行检测软件，检查主机与计算机通信传输状况、同步状态、相位偏移等参数，进行系统自检，确认各检测通道工作正常。

（3）设置检测参数：设置变电站名称、检测位置并做好标注，根据现场噪声水平设定各通道信号检测阈值。

（4）信号检测：打开连接传感器的检测通道，观察检测到的信号，若在某位置上检测到疑似局放信号，则应加长观测时间，在左右相邻盆式绝缘子处检查，还可利用双传感器进行定位。如果发现信号无异常，则保存数据，退出并改变检测位置后继续下一点检测；如果发现信号异常，则延长检测时间并记录多组数据，进入异常诊断流程。若检测到的信号比较微弱，必要的情况下，可以接入信号放大器。

（5）试验结束后，恢复现场状况，收置好仪器。

其检测流程如图 62 所示。

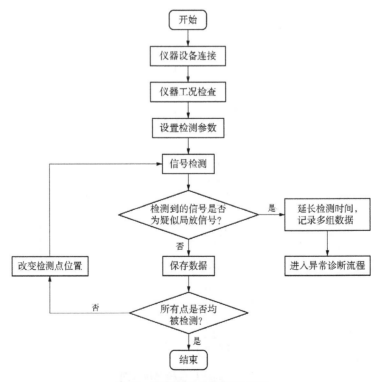

图 62　特高频局放检测流程图

67 > 高压电缆超声波局放检测的测试步骤是什么？

步骤如下：

（1）测试前检查测试环境，排除干扰源。

（2）对检测部位进行接触或非接触式检测，检测过程中，传感器放置应避免摩擦，以减少摩擦产生的干扰。

（3）手动或自动选择全频段对测量点进行超声波检测。

（4）记录测量数据，记录异常信号所处的相别、位置，记录超声波检测仪显示的信号幅值、中心频率及带宽。

（5）若存在异常，则应进行多点检测，查找信号最大点的位置。

（6）记录测试位置、环境情况。

其检测流程如图 63 所示。

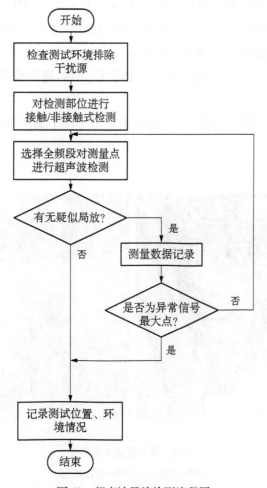

图 63　超声波局放检测流程图

68 ﹥ 进行带电局放检测时,被检对象必须满足哪些要求?

进行带电局放检测时,被检对象必须满足以下要求:

(1) 设备处于带电状态。

(2) 待测设备沿线无其他正在进行的作业。

(3) 被检测对象(包括电缆或附件或其接地系统)应可以触及进行相关操作。

69 ﹥ 带电局放检测时的注意事项有哪些?

进行带电局放检测时,其注意事项主要包括以下四点:

(1) 进行检测时作业人员必须穿戴好绝缘鞋、全棉工作服、绝缘手套,在户外终端上进行操作时要绑好安全带及做好其他必要的防护措施,现场作业区域要围好红白带并悬挂"在此工作"标志牌,检测操作时需要二人及以上人员一同作业。

(2) 进行局放检测前,要逐相检测接地环流,其数值应小于 50 A,若数值超过 50 A,应停止作业并离开作业现场,如图 64(a)所示。

(3) 安装传感器时应注意传感器安装方向保持一致,避免检测结果有误,如图 64(b)所示。

(4) 检测过程中,选择合适的量程,应使采集信号位于谱图中间位置,方便之后的数据分析和整理。

 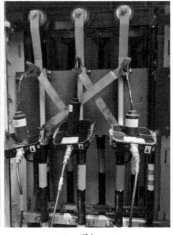

(a)   (b)

图 64 现场作业注意事项

(a)测接地环流;(b)传感器方向一致

70 > 带电局放检测前进行护层接地环流检测的意义是什么？

护层接地环流检测是对电缆接地系统进行评估的一种手段,当多点接地、非正常接地连接等情况出现时,护层接地环流会增大,过大的接地环流会造成电缆损耗发热,导致系统载流量降低,加速电缆绝缘的老化,还会对正在电缆上进行带电局放检测的工作人员带来巨大的安全威胁。

因此,带电局放检测前进行护层接地环流检测不仅是消除电缆运行隐患的重要一环,也是局放检测人员保护自身安全必不可少的关键操作,一旦发现接地环流超标的情况,应立即停止工作并远离现场,并上报相关部门及时消缺。

71 > 带电局放检测在电缆中间接头上的信号采集方式有哪些？

电缆中间接头的信号采集方式主要有仅安装 HFCT 和电容臂＋HFCT 两种采集方式。

（一）仅安装 HFCT

该种方式下的局放信号流动路径如图 65 所示。

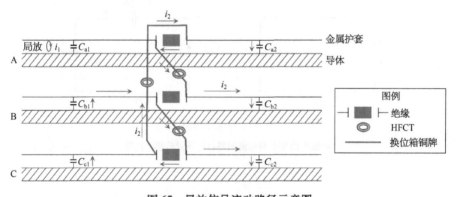

图 65　局放信号流动路径示意图

电缆接头有局放信号时,其等效电路如图 66 所示。

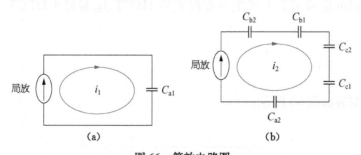

图 66　等效电路图

(a)放电信号本身电流回路；(b)外置传感器回路

（二）电容臂＋HFCT

该种方式下的局放信号流动路径如图67所示。

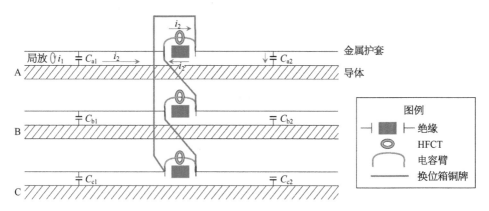

图67　局放信号流动路径示意图

根据局放信号特性，当加上电容臂连接传感器后，其电流主要流经电容臂，极少数流经铜牌其等效电路如图68所示。

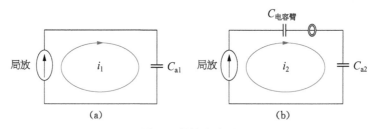

图68　等效电路图

(a)放电信号本身电流回路；(b)外置传感器回路

72 〉 带电局放检测在电缆终端上的信号采集方式有哪些？

电缆终端侧的信号采集方式主要有仅安装HFCT、电容臂＋HFCT及薄膜电极＋HFCT三种。

（一）仅安装HFCT

该方式的安装如图69所示。

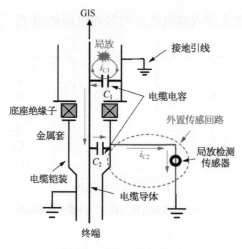

图 69　现场安装示意图

该方式的放电信号在终端内部电流走向等效电路如图 70 所示。

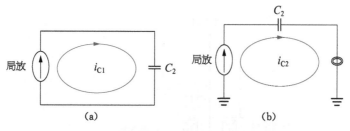

图 70　等效电路图

(a)放电信号本身电流回路；(b)外置传感器回路

(二) 电容臂＋HFCT

该方式的安装如图 71 所示。

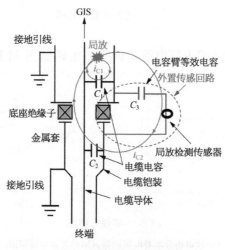

图 71　现场安装示意图

该方式的放电信号在终端内部电流走向等效电路如图 72 所示。

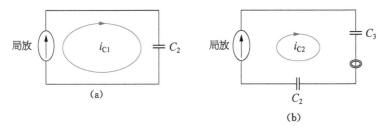

图 72 等效电路图

(a)放电信号本身电流回路；(b)外置传感器回路

（三）薄膜电极＋HFCT

该方式的安装如图 73 所示。

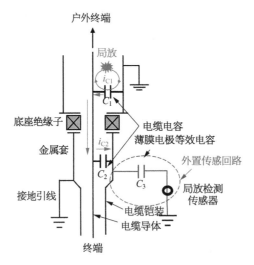

图 73 现场安装示意图

该方式的放电信号在终端内部电流走向等效电路如图 74 所示。

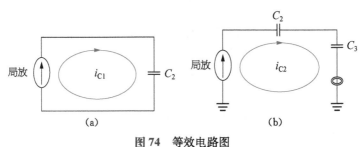

图 74 等效电路图

(a)放电信号本身电流回路；(b)外置传感器回路

73 > 带电局放检测在电缆本体上的信号采集方式有哪些?

在电缆本体上常用的传感器安装方式主要有薄膜电极＋HFCT 和使用电磁传感器技术两种。

(一) 薄膜电极＋HFCT

该方式的安装如图 75 所示。

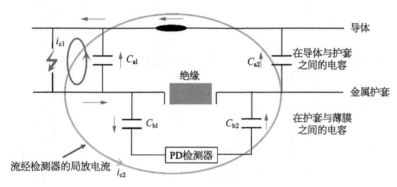

图 75 现场安装示意图

其放电信号在终端内部电流走向等效电路如图 76 所示。

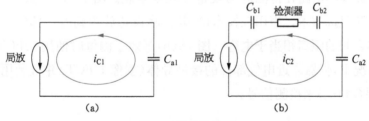

图 76 等效电路图

(a)放电信号本身电流回路;(b)外置传感器回路

(二) 使用电磁传感技术

此方式采用先进的贴靠式电磁波耦合传感器,电磁波是沿电缆导体及屏蔽层全线覆盖的,所以仅需其贴靠在电缆本体上即可进行信号收集,其安装如图 77 所示,其等效电路如图 78 所示。

图 77　贴靠式电磁波耦合传感器现场安装图

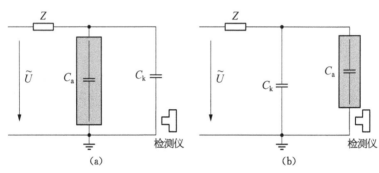

图 78　等效电路图

(a)并联；(b)串联

典型的局放检测电路在检测时与设备并联或串联。图 78(a)等效于传统的利用电容耦合器和感测阻抗技术。当用该技术检测时，将设备放置到电气部件的高压端(传感器和高压导体之间的距离相当于电容)；图 78(b)等效于测量时使用 HFCT 与电气部件串联。这种情况下，仪器靠近电气部件的接地导体(就像 HFCT)并且利用电容耦合(与HFCT 的磁耦合相反)来检测信号。

74 ▷ 现场局放检测采集不到同步信号如何解决？

在对热备用状态或负载较低的电缆进行检测时，由于电缆负载电流小，可能导致同步信号耦合器采集不到电流信号，可采用以下方式解决：

(1) 使用设备的内部 50 Hz 同步。

由于电网频率并不是稳定在 50 Hz，而是在 50 Hz±0.05 Hz 波动，所以使用设备内部 50 Hz 作为同步信号时，可能需要微调并快速地截图，不然会由于同步率较差造成PRPD 图谱无法识别。

(2) 采用光同步。

部分同步信号采集装置上会有光同步的采集模式,即采集白炽灯光的频率,但白炽灯电源的交流电频率 50 Hz,同样与电缆实际频率也会有小偏差,造成 PRPD 图谱存在识别困难的问题,并且该方式适用范围仅为有白炽灯的场所。

(3) 采用其他信号源同步。

如果检测电缆附近存在其他运行中的电缆,可从其他电缆上耦合同步信号,虽然两回电缆存在电压等级、相位等的差别,但是在同一个电网内的电压频率是基本相同的,两者同步率较好。

75 〉带电局放检测如何排查现场干扰源?

对于现场干扰源排查,由于不同的检测环境具有不同的干扰源,如:

(1) 隧道中可能存在多回电缆线路间的干扰、低压电源/照明设备闪烁方面的干扰、其他监测设备信号干扰等;

(2) 户外终端可能存在不同回路的同塔时的相互干扰、电晕、终端表面污秽、终端顶部悬浮影响、其他监测及信号发送设备信号干扰等;

(3) 交叉互联箱处可能存在来自附近电站、架空线等的信号干扰,交叉互联箱三相信号的相互干扰,附近运行的大型机械产生的机械震动造成的干扰等;

(4) 户内终端处可能存在来自其相连接的 GIS/变压器设备的信号干扰、室内低压电源/照明设备方面的干扰、电晕、终端表面污秽、终端顶部悬浮影响、其他监测设备信号干扰等;

(5) GIS/变压器终端处可能存在 GIS 设备(包括 PT)/变压器设备的信号干扰、室内低压电源/照明设备方面的干扰、同接地系统其他放电源信号的相互干扰、来自相同线路中其他邻近终端/接头附件的信号干扰等。

但是对于不同类型的信号,由于其放电的频率(如电缆系统的放电一般在 80 MHz 之内,而 GIS 设备的放电频率一般大于 300 MHz)不同、特征不同,可以通过设备对信号的重建及结合相应的数据库图谱和不同设备的不同结构和放电原理,进行相应的排查,一般采用以下几种方法。

(1) 根据采集到的信号图谱初步判断信号的特征,即判断其为哪种干扰信号,如背景、电晕、低压电源、外部输入信号等。因为不同类型的放电会产生不同的 PRPD 图谱,所以根据其形状/位置的不同可以进行放电类型的初判。

(2) 根据干扰信号的类型,结合现场的实际情况(如上述可能的干扰源及设备结构)推断其可能来源,将便携式局放检测传感器靠近放电信号处的不同位置,包括电缆本体上左/右各一定距离处,其他回路上放电信号、GIS 绝缘环处/接地排处等,以检查对比信号的特征、极性及大小以判断干扰源。因为距放电源越近,放电信号越大,不同处的信号极性也会呈现相反特征。

(3) 若不能初步判断干扰信号的类型,则建议对现场处的其他线路用同样的方法进行检测,查看在什么位置/线路上该信号最大,以推断信号的来源,以此再根据该处设备的结构特点进行信号的判断及排除。

76 〉 多个传感器安装在同一检测部位会对局放检测产生影响吗?

若传感器为同一类型(例如都是 HFCT),由于其结构和采集原理相同,通常不会对检测结果产生影响。

若是不同类型的传感器,如超声波传感器与 HFCT,则不排除检测本身可能会产生一定的放电信号,造成检测结果的不准确。

77 〉 中间接头浸没在水中时会对局放检测产生干扰吗?

对于水进入放电源处时,水作为导体会将信号直接以漏电方式传出,局放信号可能体现不出来,但对于水到达不了的内部或其他放电位置,水虽然具有较强的屏蔽作用,但影响不会太大。

78 〉 现场检测时,什么样的信号可以被认定为疑似局放信号?

对于现场巡检时发现的疑似信号的判定,可以考虑以下两个方面:

(1) 疑似信号在同一回路或同一位置的某个或几个检测点均能被检测到,且不同于背景干扰信号(包括电晕、低压电源、照明设备、其他被检测对象周围可能产生的干扰信号等);

(2) 疑似信号在 PRPD 图谱上符合局放相位特征,且波形显示出明显的脉冲特性。

79 〉 检测到疑似局放信号,如何判断信号发生位置?

(1) 初判疑似信号位置:应对电缆全线进行局放检测,尤其是疑似点附近的几个测试点,比较所检测到的信号大小判断信号源的大致方向,一般放电量最大,频谱分布最宽,时域波形上升沿时间最短的图谱对应的位置即为放电源的位置。

(2) 确认疑似局放电缆相别:对 A 相、B 相、C 相接头进行局放检测,通常局放发生相放电量最大,频率分布最宽且波形极性与非局放相相反。

（3）若疑似信号发生在电缆本体，可在疑似位置左右再取 2～3 个点（建议每个点相距 10～30 m）进行检测来判断信号源，放电量最大、频率分布最宽、时域波形上升沿时间最短的图谱对应的位置即为放电源的位置。

GIS 终端是与 GIS 设备直接相连的，所以该信号有可能是在 GIS 内部产生并传到 GIS 终端的，也可能由相邻电缆线路通过 GIS 或接地回路传输，需要进行如下判断。

（1）首先判断信号来自于哪条电缆线路，同样比较信号大小和频谱宽度，必要时可以用示波器比较信号先后，来判断信号来源。

（2）确认信号是否来自于 GIS，GIS 的放电信号频率（>300 MHz）一般比电缆系统内产生的局放信号频率（0.5 MHz<X<80 MHz）大，所以可以通过多点检测进行判断，选择不同点进行检测，包括远离终端的电缆本体处、GIS 设备的相邻环氧树脂处、GIS 设备的接地排处、PT 等位置，根据所测信号的大小/极性再次判断信号源，并参考电缆附件结构及施工工艺、GIS 设备结构判断最终信号源。

80 〉 为什么局放检测时未发现明显的放电信号，但短时间内附件却击穿了？

有以下几种可能，需要逐步排除：

（1）此放电信号为间歇性放电信号，而巡检的时间较短，可能错过其放电时间；

（2）检测设备的频带较窄，或不能够覆盖被检测对象的局放频率，或由于采用了前滤波方式，在滤去干扰/噪声的同时了滤去一些局放信号，或由于检测回路没有脉冲电流通过没有检测到脉冲电流信号；

（3）检测到的局放信号相对干扰/噪声来说较小，同时设备没有较好的信号分离软件，无法分离出真正的局放信号；

（4）设备的数据库不够强大，没有办法进行有效的对比分析，或检测人员的能力需要进一步提高。

81 〉 局放与电缆电压及负载电流的大小有关系吗？

局放发生的主要原因是局放点的电场强度超过了承受阈值，所以局放与电缆电压是直接相关的，电缆电压越高，电场强度越大，产生局放的可能性越大，产生的局放量亦越大。

而局放与负载电流大小的关系要分情况来看。对于电缆主绝缘来说，负载电流的变化对主绝缘是否产生局放或产生的局放量大小几乎没有影响，因为负载电流的大小关系影响的是电缆主绝缘内部的磁场大小，而这个磁场的大小对主绝缘的电场强度是没有影响的；对于缓冲层来说，负载电流的变化对缓冲层局放有很大的影响，这与缓冲层的局放机理有关。缓冲层之所以会产生局放，是因为缓冲层里电缆的外半导电层与电缆的金属套间有电压差，有较大的电场强度存在，这个电场强度是由于缓冲层的阻水带、金属丝等接触不良产生局部绝缘导致的。这个局部绝缘就是一个局部电容，当负载电流越大，感应磁场越大，则感应电流即接地环流越大，尽管交叉互联会抑制接地环流，但还是存在负载电流大时环流也会相对增加的规律，从而导致缓冲层局部场强变大形成局放。

第三节 · 在线局部放电监测

82 > 什么是在线局放监测？

在不停电情况下，对电力设备状况进行连续或周期性的自动局放检测称为在线局放监测，这里的三个关键是"在线""局放"和"监测"。

"在线" 就是对信号能连续的不间断地、实时地、长时间地监视。

"局放" 所产生的信号有很多种类型，例如，局放会产生脉冲电流、特高频电磁波、震动、地电波，局放还会使得局部温度上升，这些局放信号都可以通过多种测试手段被检测到。

"监测" 的前提是能够检测到信号，才能继续对信号进行监测，监测的意义就是监视，是对信号进行连续的长时间的观测追踪。

因此，在线局放监测就是对局放信号进行长时间的监视追踪。从局放种类来分，可以有脉冲电流法的高频在线局放监测，可以有电磁波的特高频在线局放监测，可以有超声波在线局放监测，也可以有地电波在线局放监测，还可以有红外成像在线局放监测，当然更可以有综合几种信号同时进行监测的综合在线局放监测。鉴于脉冲电流法对于电缆局放监测效果好的优势，目前国内外高压电缆大多采用脉冲电流法的在线局放监测。

83 > 在线局放监测的作用和意义是什么？

在线局放监测的作用和意义主要体现在三个方面。

（1）由于线局放监测的不间断性和实时性，可以对电缆缺陷做到早诊断、早预报，避免突发性故障的发生。同时,在线监测不会影响到电网正常运行,对系统的运行环境和性能也不会造成影响。

(2) 在线局放监测对疑似局放信号的判断识别具有重要的参考意义。当发现疑似局放信号时,主要分为两种情况。

第一种情况是当遇到一个局放特征不明显,PRPD 图谱相位特征不够鲜明,局放信号水平随时间变动的疑似局放信号时,在对局放信号的一般认知范围内,我们还不足以去判断识别此信号是否为真正的局放信号。在短时间难以判别的情况,就需要利用在线局放监测的手段对疑似局放信号进行长期监测。通过长时间地累积监测数据,来凸显疑似局放信号的特征,从而加强我们对疑似局放信号的判断精准度。

第二种情况就是,疑似局放信号无论在相位或是发生频次上都符合局放信号的特征,但它是属于间歇性疑似局放信号,即断断续续地出现,甚至是出现一段时间后又消失一段时间这种情况,这时就更加需要一种长时间的观测方法去分析这个信号,通过长期对这个信号的跟踪、监视和总结归纳分析,提高对疑似局放信号的识别准确度。

(3) 对已经判定为局放的信号进行长期观测,对把握其局放的严重程度具有重要意义。局放信号水平和密度是评价一个局放危险程度的重要参数,而短时间内我们很难观测到信号水平的变化和频次的变化,这就需要我们通过长时间的追踪和监测去判定局放信号的趋向,从而制定对此局放信号的对策和解决方案。

因此,局放在线监测一般适用于新投入的、运行时间较长的、有缺陷历史记录(特别是有家族性缺陷的)的、巡检中发现疑似或确认局放信号及间歇性出现局放信号的线路及重要用户线路。

84 > 在线局放监测设备的种类有哪些?

在线局放监测设备可以分为固定式在线局放监测和可移动式在线局放监测。固定式在线局放监测设备一般用在隧道,用于长期监控隧道内电缆的运行状态;移动式在线局放监测通常用于发现疑似或确认局放信号的电缆,将具备精确检测功能的局放检测设备临时安装在现场,实时监测电缆局放变化趋势,监测时间不少于 120 h。

固定式在线局放监测设备采用分布式布置方式,在电缆线路全线各个接头和终端安装局放传感器和就地信号处理装置,对电缆线路进行长期局放在线监测,全线信号汇集在同一个后台作显示、分析。

可移动式在线局放监测设备临时安装在有消缺记录、在巡检中发现疑似局放信号或确认局放信号的电缆线路上,进行临时局放在线监测,当监测任务完成后可以立即拆除。

85 带电局放检测设备与在线局放监测设备的区别是什么？

带电局放检测设备的特点主要体现在以下几个方面：

（1）带电局放检测设备以人操作为主，在局放检测的时候要通过人去操作仪器设备；

（2）传感器是不固定的，为了测试临时按照测试背景和环境安装传感器，测试时可以根据信号的灵敏度、信号特征、噪声等临时增加或改变传感器类型或改变传感器的安装位置，是可控的、可变的；

（3）带电局放检测设备的测试仪器是多功能的，现场操作人员可以根据测试的信号随时切换使用不同的功能；

（4）带电局放检测时间是比较短的，例如，带电局放检测测试一个测点，只需十五分钟或半个小时至一个小时，测试数据量少。

在线局放监测设备的特点主要体现在以下几个方面：

（1）在线局放监测是自动的，无需人去操作的，这是与带电局放检测最大的区别；

（2）由于在线局放监测是自动运行的，所以对于单一传感器的在线监测，传感器的类型是固定的，安装位置也是固定的不可变的，对于综合的在线监测，即不同的传感器，它们的安装位置也是固定的、不可变的；

（3）就地信号处理装置也是固定的、不可变的，只能通过远程无线遥控，即使处理装置是多功能的，也只能在需要的时候通过网络远程控制切换，不像带电局放检测，当事人可以操纵，这是与带电局放检测不同的地方；

（4）在线局放监测是长时性的，不是几分钟、几十分钟或几个小时，而是几天、几周、几个月或者是几年，是一种连续的、长时间的、自动的监测系统，与此同时在线监测的测试数据是大数据，是以周、月、年为单位的大数据。

在线局放监测设备与带电检测设备对比见表 11。

表 11 在线局放监测设备与带电局放检测设备对比分析表

参数	设备		
	固定式在线 局放监测设备	可移动式在线 局放监测设备	带电局放检测设备
工作状态	长期在线监测	临时在线监测	短时间的例行检测
工作方式	远程遥控遥测，各种高通、低通和带通滤波器预置固定	远程遥控遥测，各种高通、低通和带通滤波器预置固定	现场测试，测试人员根据噪声动态而切换各高通、低通和带通滤波器

（续表）

参数	设备		
	固定式在线局放监测设备	可移动式在线局放监测设备	带电局放检测设备
数据采集	全天24小时实时监测,大数据统计趋势和走向	实时或间歇监测,长期累积,大数据统计趋势和走向	采集数据量较小
数据传输	光纤/无线	光纤/无线	本地存储
供电电源	长时间(月,年),连续供电	长时间,至少保证120小时连续供电	短时间,保证现场作业时间供电需求
防水等级	IP68	IP68	无
捕捉局放的信号触发机制	自动测试,预置特征量阀值和各种智能自动识别程序	自动测试,预置特征量阀值和各种智能自动识别程序	人工测试,根据现场信号调节信号触发机制
告警机制	分级告警,发出声光报警、发手机信息和电邮报警	分级告警,发手机信息和电邮报警	现场测试人员判别
观测形态人员要求	自动监测为主,发生告警时才由值班人员查看,将疑似的图谱发送给有关领导和专家进行分析	自动监测为主,发生告警时才由值班人员查看,将疑似的图谱发送给有关领导和专家进行分析	现场测试人员查看

86 ＞ 移动式在线局放监测设备安装时应注意什么？

（1）要保证人员/设备安全。
（2）保证电源、信号传送等单元的120 h正常运行。
（3）传感器的安装位置应靠近疑似放电源,保证传感器最有效的连接方式。
（4）设置自动采集时间间隔,一般为0.5～1 h。
（5）去除现场可能产生的干扰源,例如有源电源、闪烁灯光或其他干扰源。

87 ＞ 在线局放监测系统的现场布置方式是怎样的？

局放在线监测设备采用分布式布置方式,对电缆线路进行长期局放在线监测,分别在电缆各中间接头、终端处布置传感器和局放信号采集单元,HFCT与信号采集单元通过同轴信号线连接,各子站间、子站与母站间通过光纤或无线连接,最后连接到电缆监控室内的局放在线监测后台服务器,从而实现对整条电缆线路的连续局放监测。由此可见,分布式局放在线监测系统主要由三部分组成:局放传感器、信号采集单元和后台数据集成中心。系统总体构成如图79和图80所示,系统安装如图81所示。

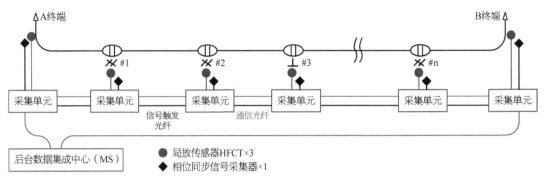

图79　分布式光纤局放在线监测系统构成

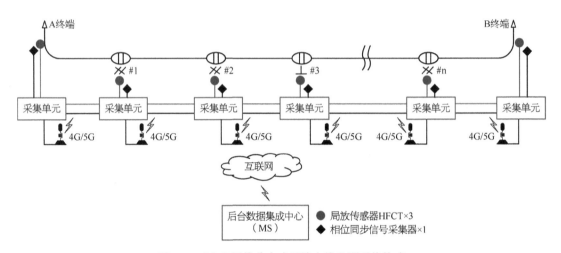

图80　4G/5G无线分布式局放在线监测系统构成

图 81　局放在线监测系统的现场安装图

88 > 在线局放监测系统的报警机制是怎样的?

由于在线局放监测是自动报警的,故单一地以局放信号水平达到多少毫伏或多少皮库就报警是不可行的,因为噪声信号很容易引起误报。目前,在线局放监测系统的报警机制主要有以下四种。局放报警执行流程如图 82 所示。

(一)量化门槛-多重门槛联动报警

量化门槛-多重门槛联动报警(qnt),其门槛为信号水平、频次和时间三个要素组成的三重逻辑门。举例来说,当发现一个疑似局放信号时,信号水平超过 100 pC,仅满足一个条件(q 值门槛),不能发出报警;信号的重复率超过每秒 30 个脉冲,也满足了另一个条件(n 值门槛),亦不能发出报警;满足前面两个条件的基础上,还要看信号的延时性,信号持续达到一分钟、五分钟或更长时间才能发出报警,这就是三重逻辑门条件,只有同时满足这三个逻辑门的条件,在线监测系统才发出报警。

(二)神经网络图谱识别

将现场检测到的真实局放数据图谱和实验室内人工模拟发出的各种局放图谱编制成教学数据,让神经网络预先学习、记忆,测试时,神经网络便可以瞬时对各种类型的信号做出判别反应。举例来说,信号的 PRPD 图谱显示有两个簇群,簇群的中心相位差为 180°,神经网络经过训练后识别出这个信号是局放,给出一个百分数,如 95%,即与标准局放信号图谱的相似率达 95% 以上,在线监测系统发出报警。

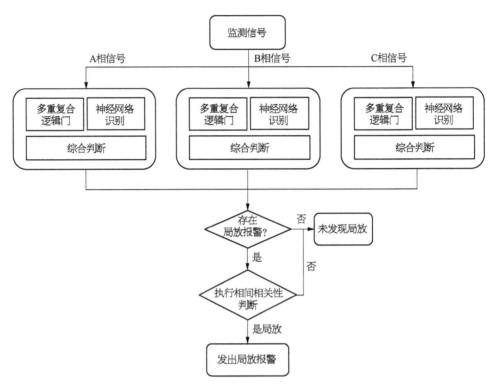

图82 局放报警执行流程

(三) 局放信号相间相关性判断

基于相间信号视在量大小的差异,即相间信号相关性判断原理,判别局放信号,滤除干扰信号,减少对噪声的误判。

(四) 综合判断

由于在线监测是无人监测,需要可靠的报警机制,故应尽量利用多重报警机制联动使用,提高报警的精度、准确率,最大程度减少误报。

综合判断将多重逻辑门及神经网络判别结果作交叉综合处理,再进行相间信号相关性分析,综合判别局放信号分为0、1、2、3级,发出声光报警、发手机信息和电邮报警。

(五) 基于技术员的经验设置报警机制

在线监测系统安装完成后,利用在线监测装置监测到的背景噪声,根据经验设置一个初期的报警机制,这个报警机制是临时的,是试探性的设置。因为在线监测是观测长期的信号,不是短期的信号,所以初期的设置具有一定的试探性。长期在线监测是长时间的数据积累,例如,安装在线监测系统一个星期、两个星期或一个月后就出现了非常多的误报,则认为可能是设置的门槛过低,要修正;或者安装在线监测系统一个月、两个月或三个月后,都没有触发噪声信号,这时应怀疑设置的门槛是否过高,阻拦了所有信号,亦要修正。

(六) 基于长期监测的数据设置报警机制

在线监测系统经过一段时间后,应收集这段时间的在线监测数据,对数据进行分析,基于数据修正初期的经验设置,使设置的门槛、报警机制能更贴切,既不会被噪声干扰造成误报,也不放过真正的局放。这就是基于大数据或一定时期的数据分析整理后,对初期报警机制进行修正的报警机制。

89 > 在线局放监测系统投入运行后是如何定期维护的?

(1) 软件:主要观察电源供电/信号传输、数据采集、图谱下载、趋势图等是否正常,维护周期一般为每周检测一次,确保监测软件运行正常,参数设置无误,各子站监测数据完整保存,当发生局放告警或设备异常告警时,系统能自动发出警报,值班人员能看到告警信息。局放在线检测系统发现疑似局放信号后,运维人员首先保存局放图谱,并将疑似的图谱发送给有关领导和专家进行分析,根据判断结果拟定维护/停电检修方案。

(2) 硬件:定期每年对每一套监测设备的安装情况进行检查,是否有松脱掉落的情况,对设备进行清洁;定期每年对每台主机每个通道的每个传感器逐一注入校准信号和模拟局放信号,确保每台主机的校准情况和信号检测正常。

(3) 后台系统设备:定期每双月进入后台系统(监测机柜、交换机、服务器、硬盘等)进行巡检维护,确保整个监测系统运行正常;确保硬盘余量充足,数据的存储没有问题;测试远程访问的正常性,在监测中心可访问查看系统的运行状态;定期对监控平台进行系统检测、软件升级、数据备份、故障排除,由于所有监测数据均在服务器硬盘内,可能会出现问题硬盘损坏造成服务器数据丢失等情况,所以定期对所有监控系统服务器的数据进行备份,以确保万无一失。

第四节 · 耐压局部放电检测

90 > 什么是耐压局放检测?

耐压局放检测即在电缆耐压试验的过程中,通过阶梯式升压同步进行局放检测,以求在非运行电压下观察和捕捉局放信号的发展轨迹。通常耐压局放检测时,需要在每个电缆接头处安装局放传感器,信号经由一台信号采集处理单元进行前置处理,然后通过光纤或无线通信将全线信号同步汇集在后台作显示、分析。

91 > 耐压局放检测的作用和意义是什么?

由于普通高压电缆交流耐压试验只关注电缆整体能否完整承受试验电压的考验,其标准仅为是否通过交流试验耐压。如电缆内部存在局放,电缆依然有可能通过交流耐压试验,有内部缺陷的电缆带病运行,会导致电缆安全运行存在一定风险。为了进一步提高电缆竣工耐压试验的可靠性,近年来,国内逐渐开展在竣工耐压的同时进行局放测试。在高于运行电压的试验电压下检测由微小缺陷激发出来的局放信号,提前诊断、分析、预防、维护,可以避免重大事故发生的可能,并为该线路投入运行后的管理和质量维护提供有效的技术数据。

92 > 耐压局放检测主要运用在哪些场合?

(1)电缆及附件出厂试验。
(2)电缆及附件现场竣工试验。
(3)电缆线路故障修复后的交接试验。

93 > 耐压局放检测的试验要求有哪些?

(1)安全措施落实到位;
(2)天气情况良好,现场环境满足试验条件;
(3)确认局放检测系统设备就位,且信号采集正常;
(4)确认耐压设备就位且耐压系统本身无局放;
(5)耐压试验人员与局放检测人员确认加压梯度和加压时间;
(6)不同检测点之间实现数据采集同步;
(7)所有检测单元与耐压系统的频率保持同步。

94 > 如何抑制耐压系统对局放检测的干扰?

抑制耐压系统对局放检测的干扰可分为硬件和软件两个方面。
在硬件上:

（1）终端加装均压环。无论是发电机侧，升压设备升压器的出口处，还是电缆终端，都必须加装均压环。均压环的设计必须符合缓压防电晕的要求且有足够的直径，若采用铝管制作且直径较小，升压至 200～300 kV 时，亦会出现放电，达不到防电晕的效果。

（2）在高压引线上加装波纹管。波纹管的直径应根据电压等级和防电晕的效果进行选择，电压越高，波纹管的直径要越大。此外，波纹管的衔接必须平滑，不能有毛刺且内部的导体不能用编织铜线，要用绝缘导线。

（3）采用复合式传感器。HFCT、特高频传感器、地电波传感器等各种不同的传感器安装在测试点的不同位置上，通过传感器的采集信号的比对，识别干扰信号。

均压环和波纹管的安装示意如图 83 所示。

图 83　在升压端安装均压环和波纹管

在软件上：

（1）滤波拦截法。根据检测信号的频率分布，选择合适的高通滤波拦截低频噪声信号，再利用带通滤波器开频率小窗提取被覆盖的信号。

（2）信号删减法。通过调节局放信号的触发门槛和设备自带的信号分离技术对信号进行分离、分类。

（3）同步删除法。利用远离被测对象电缆的高频天线收集电晕空间辐射的高频信号作为噪声样板，将检测信号中与其同步同相的信号隔离或删除。

（4）特高频触发法。利用跨频段的特高频传感器收集特定的放电信号，以此作为分离信号的触发源，从混合信号中提取所需的对象信号，尤其是提取被严重覆盖的和发生频次极低的对象信号。

95 > 耐压局放检测的测试步骤是怎样的？

（1）在试验未开始前，检测并记录各个检测点的背景噪声水平；

（2）确认试验耐压的频率，局放检测的采集频率与其保持一致；

（3）根据试验方案拟定的升压阶梯，对电缆逐级升压，同时采集局放信号；

（4）在每个电压阶梯保存至少三个图谱，以便进行后续分析；

（5）信号采集过程中若发现明显局放或重大疑问时，立即利用备用设备进行全过程跟踪，记录起始放电电压和熄灭电压并报告试验总负责人，必要时可调整试验方案；

（6）未发现异常，则在检测工作结束后，将检测结果进行汇总并出具相关试验报告。

96 > 耐压局放检测的升压方案是怎样的？

110 kV 高压电缆耐压局放检测的升压方案如图 84 所示。

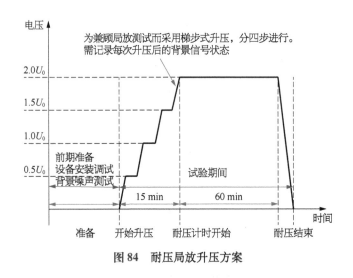

图 84　耐压局放升压方案

（1）系统从零升至 $0.5U_0$，保持 5 min，根据信号检查接地或各导线连接状态；

（2）若正常，继续升压至 U_0，保持 5 min，记录耐压设备的频率，分析和记录各种噪声、电晕等，对每个检测点进行初步局放检测并保存数据；

（3）若正常，继续升压到 $1.7U_0$，保持 5 min，识别各种噪声、电晕等，对每个检测点进行局放检测并保存数据；

（4）若正常，继续升压到 $2U_0$，保持 1 h，对每个检测点进行局放检测并保存数据（每套附件至少应保存 3 个图谱）；

对于不同的电压等级回路，可依据试验单位的要求，对升压方案的电压梯度和加压时间作微调。

97 > 耐压局放检测时，局放设备如何与耐压系统实现同步？

局放设备与耐压系统实现同步的方法如下：

（1）在耐压局放试验电缆线路每个检测点上安装同步信号采集装置或将无线同步信号采集装置贴放在耐压电缆本体表面，使每个检测点的局放设备各自获取与耐压系统同步的相位信号。但此方法要求同步信号采集装置灵敏度高且被测电缆接地电流足够大，实测过程中存在无法同步的可能性。如图 85 所示。

（2）利用同步信号采集装置在升压端获取同步相位，再以无线的方式传输给电缆全线其他检测点。这种方法有更高的同步精度，同步误差小于 0.02 Hz，且不受被测电缆的限制，但要求每个检测点有较强的 4G/5G 网络覆盖。如图 86 所示。

图 85　每个测各检测点局放设备各自获取与耐压系统同步的相位信号

图 86　升压端获取同步相位

98 ＞ 长线路耐压同步局放检测时，不同检测单元之间如何实现同步？

方式一：光纤同步。

光纤同步即通过通信光纤和信号触发光纤分布在线路上各测点的实时检测信号汇聚起来并统一显示，如图 87 所示。各个信号采集单元的波形同步是以某个信号采集单元接收到波形的时刻为标准时刻，其他信号采集单元的标准时刻即传输到该单元的时刻去除光纤传输的时间影响。此方式适用在电缆隧道的耐压局放试验。

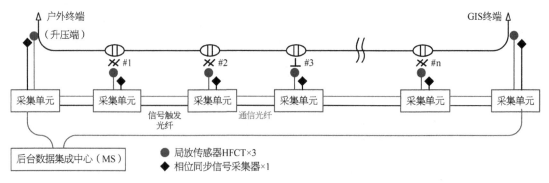

图 87　光纤同步

方式二：无线同步。

无线同步即利用 4G/5G 和 WiFi 复合的无线通信方式，将分布在各测点的实时监测信号传输到信号集中处理后台，如图 88 所示。此方式要求 4G/5G 网络覆盖每个测点，适用检测点在户外且网络通信良好的地方。

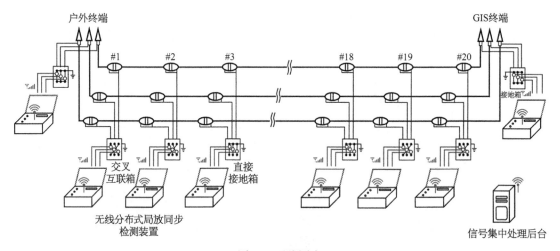

图 88　无线同步

99 ╳ 耐压局放检测过程中，若检测到局放，该作何处理？

如果耐压局放检测过程中发现疑似局放信号，检测人员应首先保存局放图谱，根据图谱特征初步判断放电类型，同时向现场负责人员汇报，并建议采用逐级升压至最高电压后，再以逐级降压的方式确认放电的起始放电电压、熄灭电压及放电信号随电压变化的情况，进一步确认放电类型，在条件允许的情况下进行现场局放定位。

100 > 在耐压局放升压过程中检测到疑似局放信号，能否说明该线路存在问题？

不一定。一方面应看其起始放电电压、熄灭电压是否在正常运行电压值内；另一方面需要全面分析局放信号并结合图谱库确认放电类型，确认是哪种缺陷以后进行评估；试验结束后，可安装移动式在线监测设备进行短期监控，观察局放信号的发展趋势，以最终确认放电的危害，判断该线路是否存在运行缺陷。

第二篇

应用案例

220 kV 电缆 GIS 终端接头安装缺陷

(一) 案例经过

2015 年 8 月,某公司在对乙线路进行全线局放检测时,在其 9# T 接头检测到疑似局放信号。

(二) 检测过程及分析

1. 检测数据分析

2015 年 8 月 4 日,在乙线的 9# T 接头检测到局放信号,此信号沿电缆传播在附近接头被检测到,判断信号的放电源位于乙线 9# T 接头 A 相,信号最高频带约为 14 MHz,在 2 MHz ± 250 kHz频带时,局放幅值约为 350 pC。8 月 13 日、8 月 20 日、8 月 21 日进行了多次复测,发现放电幅值上升至 1 000 pC,信号最高频带升至 16 MHz。检测结果分析认为此接头存在内部局放缺陷。如图 89～图 92 所示。

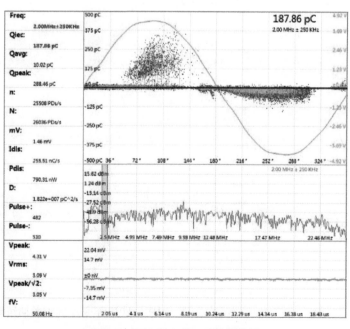

图 89　2015 年 8 月 4 日检测结果

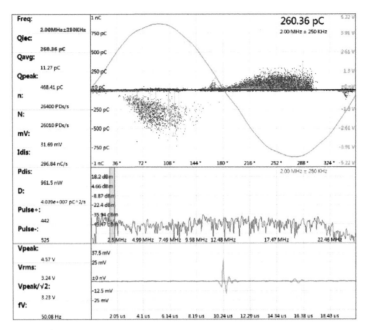

图 90 2015 年 8 月 13 日检测结果

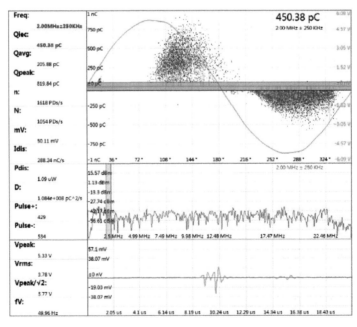

图 91 2015 年 8 月 20 日检测结果

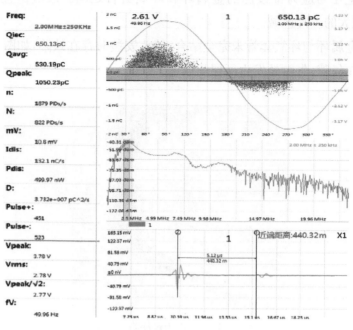

图92 2015年8月21日检测结果

8月28日,乙线停电,在相邻甲线带电的情况下,对甲线9♯ T接头及乙线的9♯ T接头进行了复测,局放信号消失。由此可以进一步确认局放信号来自于乙线9♯ T接头,而甲线9♯ T接头在8月4日检测到的局放信号来自于乙线9♯ T接头,甲线自身没有局放。

2. 缺陷原因分析

对乙线9♯T接头局放检测图谱进行分析,从 PRPD 图谱、波形图谱、频率图谱来看,认为此放电缺陷为接头安装缺陷,放电特征具有明显的沿面放电特点。8月31日对本接头进行了解剖,解剖中发现黑色放电痕迹,解剖图和放电痕迹如图93和图94所示。

图93 解剖图

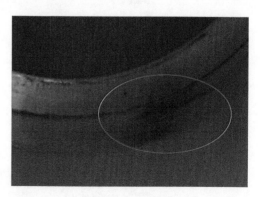

图94 放电痕迹图

此放电发生在与应力锥接触的金属环和环氧套管之间。放电位置不仅仅在一点上,为面积比较大的一片区域。

应力锥前金属环与环氧套管未完全贴合,接头安装时存在缺陷,如图 95 所示。此缺陷导致层间存在气隙,气隙处发生了层间放电。

图 95　应力锥缺陷

(三) 消缺后复测

2015 年 9 月 8 日,恢复送电后带电检测局放的结果如图 96～图 98 所示,未检测到局放信号,表明更换接头有效地解决了局放的问题。

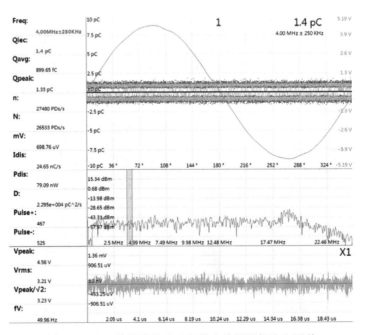

图 96　9♯ T 接头消缺后 A 相带电检测局部放电图谱

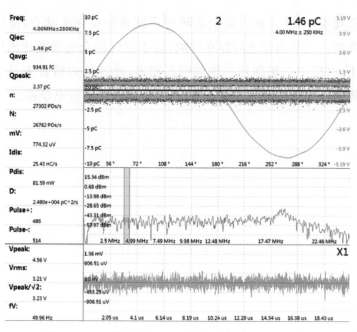

图 97 9♯ T 接头消缺后 B 相带电检测局部放电图谱

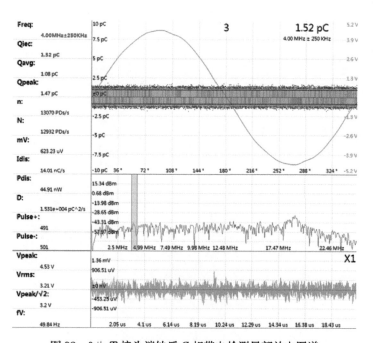

图 98 9♯ T 接头消缺后 C 相带电检测局部放电图谱

(四) 小结

在高压电缆接头中,应力锥前端金属环与环氧套管应完全贴合,良好接触,从而达到均匀电场的作用。如果两者之间存在气隙,由于空气的介电常数比固体介质小,在交流电压的作用下,气隙中的场强比平均场强高得多,小气隙内将首先发生放电,所产生的带电粒子沿固体介质的表面移动并发热,产生放电并留下放电痕迹。

110 kV 电缆 GIS 终端接头接地不良缺陷

（一）案例经过

2019 年 9 月，某公司对某 110 kV 主变电缆 GIS 接头进行特高频带电局放检测时，发现该 110 kV 主变电缆有疑似局放。

（二）检测过程及分析

1. 检测数据分析

2019 年 9 月，特高频局放检测发现在 2 号主变 110 kV 电缆接头附近，存在一处疑似局放源，其特高频图谱如图 99 所示。

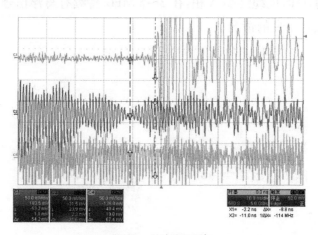

图 99　特高频图谱

2019 年 12 月，对该 110 kV 主变电缆 GIS 终端进行高频带电局放检测，图谱如图 100 所示。

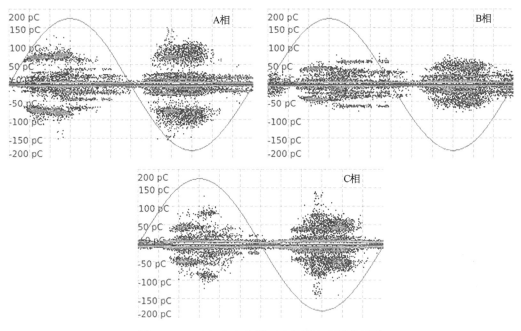

图 100　110 kV 主变电缆 GIS 终端高频局放图谱

　　图 100 显示,A 相、B 相、C 相均存在悬浮放电信号,信号频率分布在 0～5 MHz,其中 A 相幅值最大。后使用重症检测系统,在一个月的监测过程中,幅值未有明显变化。

　　2020 年 4 月对该 110 kV 主变电缆再次进行高频带电局放检测,其 GIS 仓电缆接头直接接地箱 A 相局放检测图谱如图 101 所示。

　　由图 101 可得,GIS 电缆终端 A 相,在 2～5 MHz 持续有悬浮信号,判断认为 GIS 电缆终端可能存在接地不良的情况。

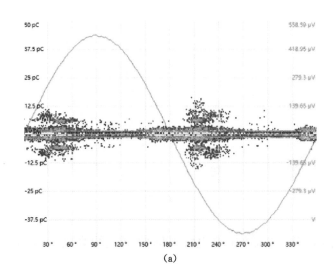

(a)

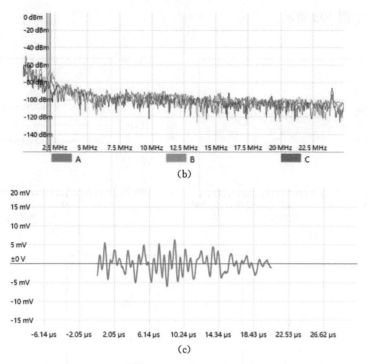

图 101　GIS 仓电缆接头直接接地箱 A 相局放检测图谱

(a)PRPD 图谱；(b)频率图谱；(c)波形图谱

2. 缺陷原因分析

2020 年 4 月 26 日，某公司打开该 110 kV 主变电缆 GIS A 相终端接头发现，该 GIS 终端接头采用环氧树脂密封形式，接地处金属网和铠装与接地线仅用铜丝绕扎方式连接，连接不紧密，且金属屏蔽网处有明显放电痕迹，放电痕迹如图 102 所示。

图 102　金属屏蔽网处放电痕迹

(三) 消缺后复测

2020 年 4 月 28 日，对该 110 kV 主变电缆 GIS 接头进行消缺后耐压同步局放检测，局放检测图谱如图 103 所示。

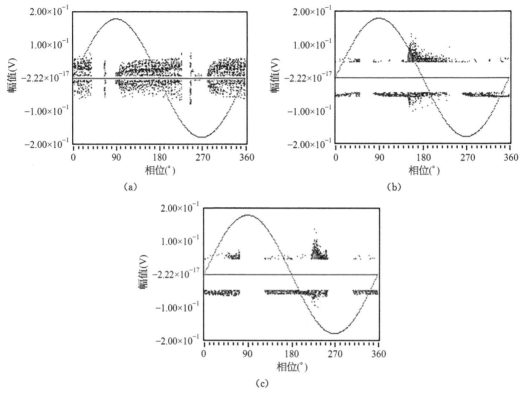

图 103　消缺后耐压同步局放检测图谱

(a)32 kV；(b)64 kV；(c)128 kV

由图谱可得,电缆终端设备正常,2 号主变 110 kV 电缆 A 相局放正常,缺陷消除。

(四) 小结

对于环氧树脂密封形式的 GIS 电缆终端,在制作终端接地线时应确保接地线与屏蔽网紧密连接。在局放检测时,如在终端发现悬浮信号,排除 GIS 的干扰后,应考虑终端存在接地不良的情况。

案例三

110 kV GIS 终端应力锥表面异物缺陷

(一) 案例经过

某公司于 2019 年 9 月在对某厂内的 110 kV 的电缆系统进行带电局放检测时,发现某回 110 kV 电缆线路 GIS 终端 A 相、B 相有明显沿面放电迹象。

(二) 检测过程及分析

1. 检测数据分析

检测当天,对该电缆线路的 12 组中间接头、户外终端和 GIS 终端分别进行检测,发现该 110 kV GIS 终端 A 相、B 相、C 相均有沿面放电信号,且有不同的相互干扰的放电信号,但 A 相、B 相较为明显,有明显 180° 相位特性,放电波形有脉冲特性,上升沿较陡,放电信号频率大约 20 MHz,符合沿面放电特征。该信号可能由于终端内部存在沿面放电缺陷,建议加强跟踪和复测,有条件时配合停电检修。

2019 年 9 月对该 110 kV 电缆线路 GIS 终端进行局放检测,A 相、B 相、C 相的局放图谱如图 104 所示。

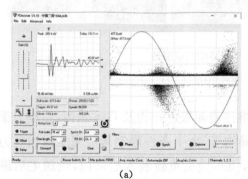
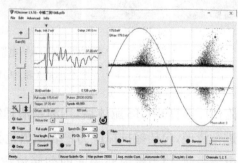

(a)　　　　　　　　　　　　(b)

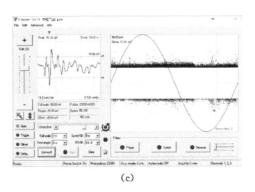

(c)

图 104 110 kV 电缆 GIS 终端局放检测 PRPD 图谱

(a)A 相；(b)B 相；(c)C 相

由图 104 可知，A 相放电信号幅值为 470 mV，B 相放电信号幅值为 170 mV，C 相放电信号幅值为 150 mV，且从信号波形上，可以看出分别为三组不同放电源的信号。

2. 消缺过程及分析

打开该电缆三相 GIS 终端后，发现 A 相、B 相、C 相应力锥表面均有不同程度的黑色异物，其中 A 相、B 相异物比较明显，C 相异物比较少但依然可见。如图 105 所示，A相应力锥表面有黑色异物，B 相应力锥表面和舱体内部有黑色异物，C 相应力锥表面有少量黑色异物。

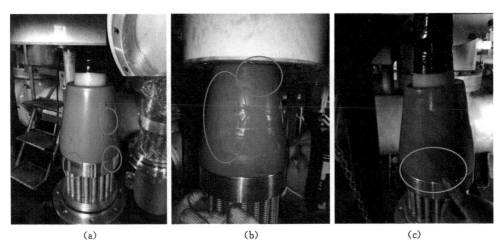

(a)   (b)   (c)

图 105 110 kV 电缆 GIS 终端缺陷痕迹

(a)A 相；(b)B 相；(c)C 相

附件厂家打开 GIS 舱体后，用酒精清理锥体表面黑色异物及 GIS 舱体，将应力锥外表面进行清理，包括擦拭掉应力锥表面黑色异物等，由于条件限制未能完全拔出应力锥进行电缆表面、应力锥内外表面的彻底清洁，便将接头重新装入舱体内，经送电后继续运行。

（三）消缺后复测

该电缆恢复运行后，对修复后三相接头进行局放复测，如图 106 所示，发现原来信号都已经消失或者变弱，此放电信号目前很小，不会在短时间内引起故障性缺陷，建议使用在线局放检测设备进行长期跟踪或者采取进一步消缺工作。

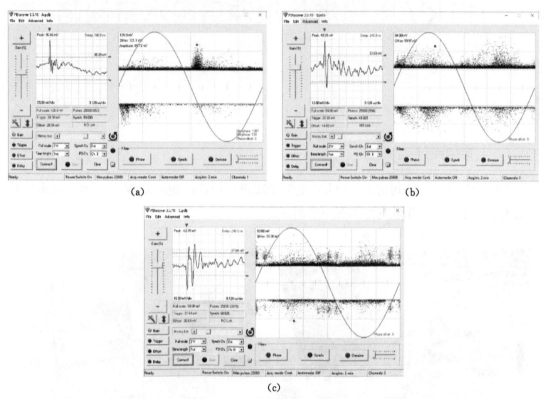

(a)　　　　　　　　　　　　　　　(b)

(c)

图 106　110 kV 电缆 GIS 终端消缺后复测 PRPD 图谱
(a)A 相；(b)B 相；(c)C 相

（四）小结

在接头和终端安装过程中，应保持附件安装时环境的清洁，防止异物进入预制件，否则在电缆运行后会造成电场不均匀，导致沿面放电等问题。

案例四

110 kV 电缆本体缓冲层阻水带缺陷

（一）案例经过

2016 年 7 月，某公司对某 110 kV 电缆全线进行局放检测时发现♯2、♯5 接头均有明显疑似局放信号，检测现场如图 107 所示。

图 107　局放检测现场

（二）检测过程及分析

1. 检测数据分析

2016 年 7 月，对某 110 kV 电缆全线局放检测时发现：

（1）♯2 接头的疑似局放信号水平（视在量）均在 70 pC 至 90 pC 左右，信号频率主要分布在 1～10 MHz，说明信号源既不在传感器的位置（检测点）近旁，也不在相邻接头处，分布在接头之间的电缆本体上的可能性较大，局放检测结果如图 108、图 109 所示，图 108 中显示，A 相信号存在局放信号特征，图 109 中显示信号频率主要分布在 1～10 MHz 频段，初步判定 A 相有疑似局放信号；

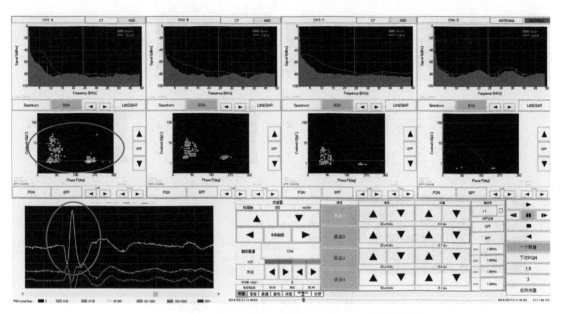

图 108　某 110 kV 电缆 ♯2 接头 A 相发现疑似局放信号

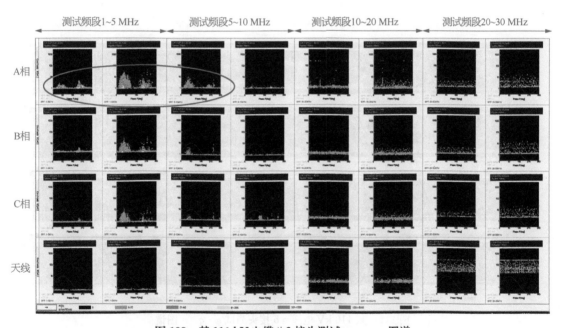

图 109　某 110 kV 电缆 ♯2 接头测试 φ-q-n 图谱

（2）♯5 接头的疑似局放信号水平（视在量）均在 5 pC 至 10 pC 左右，如图 110、图 111 所示，疑似局放信号的发生密度（重复率）不高，也就是说，以累积统计型的图谱所显示的相位特征（局放特征）并不够明显，需要信号波形的特征作为辅助识别，经验上类似外导与金属铠装间的局放动态。

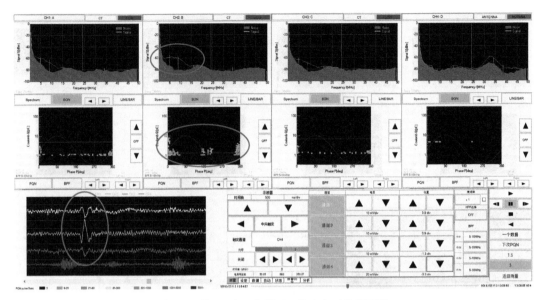

图110 某110 kV 电缆♯5接头实时检测图谱

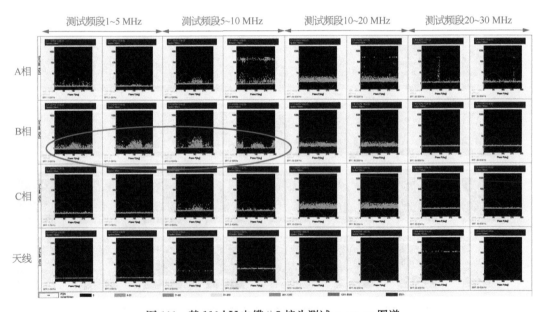

图111 某110 kV 电缆♯5接头测试 φ-q-n 图谱

2018年11月,再次对某110 kV 线路进行复测,发现♯10接头B相有明显疑似局放信号,如图112、图113所示。

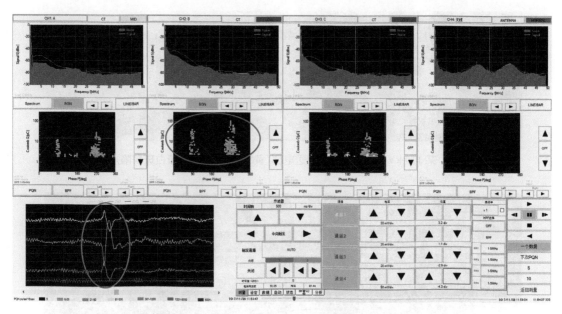

图 112　某 110 kV 线路♯10 中间接头 B 相疑似局放信号波形和图谱（BPF 约为 1～5 MHz）

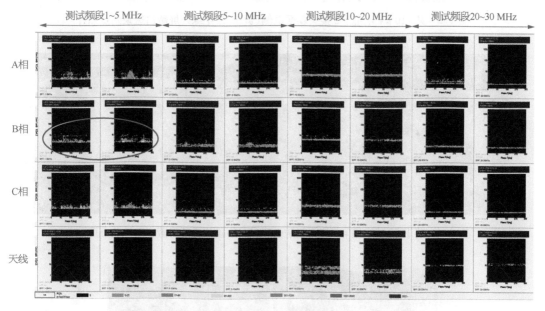

图 113　某 110 kV 线路♯10 中间接头 p-q-n 累积图谱

在某 110 kV B 相 1～5 MHz 频段发现疑似局放信号，局放视在量为 40～70 pC。在 B 相 1～5 MHz 频段检测频段中发现一个具有明显双簇团局放特征的信号，并且出现明显的脉冲波形，而 B 相波形的极性与其他两相相反，因此可推断该信号来自 B 相。

2. 缺陷原因分析

2018 年 11 月，在对样品电缆段解剖分析中，发现了大量白斑缺陷。白斑主要是在缓冲阻水带搭盖的位置（如图 114～图 118 所示），这种分布的白点数量相对较多，大部

图 114　某 110 kV 电缆♯2 接头朝送电侧（黄相）段绝缘外屏蔽白斑缺陷点照片

图 115　某 110 kV 电缆♯2 接头朝受电侧（黄相）段绝缘外屏蔽白斑缺陷点照片

图 116　某 110 kV 电缆♯5 接头朝送电侧（绿相）段绝缘外屏蔽白斑缺陷点照片

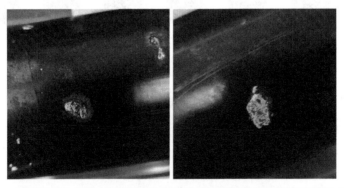

图 117　某 110 kV 电缆♯5 接头朝送电侧（绿相）段绝缘外屏蔽白斑缺陷点细拍

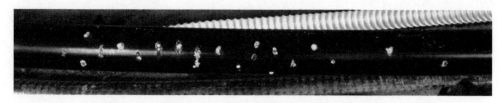

图 118　某 110 kV 电缆♯10 接头朝受电侧（绿相）段绝缘外屏蔽白斑缺陷点照片

分缓冲阻水带未贯穿，但是部分严重点处阻水带已经贯穿，并且外屏蔽已经严重损伤，白斑缺陷可能已经凹陷至绝缘层。

　　此类白斑缺陷可能与阻水带材料有关，当阻水带受到不均匀挤压时，小面积而大压强的挤压点流过较大电流时（相当于环流和电容电流的复合电流），会在挤压点处产生局部相对高温，长期局部高温会使挤压点阻水带材质产生化学反应，生成白色绝缘物，局部绝缘层会逐渐形成，局部电容效应会形成局部电荷积累，继而可引发局放。长期存在的这种局放如果具有一定放电水平和放电频次，会反过来增大挤压点的温度和绝缘度，如此循环一段时间后，当局放和烧蚀完全破坏外屏蔽层，就会导致主绝缘损伤和击穿。

（三）小结

　　发生在电缆本体外屏蔽与金属护套间的缓冲层的间隙微小放电，相对电缆附件局放而言，具有以下特征：

　　（1）频率成分偏低，大多低于 10 MHz，发生频次密度也很低，因此用统计型和累积型的 PRPD 图谱来检测和判别是很难发现的，可用波形观察来捕捉。

　　（2）多为间歇性放电，出现周期不确定，即使电缆本体多处存在这种局放，每次到现场检测到信号的大小也并不相同，发生位置也不同，只能多次复测与追踪。

案例五

220 kV 电缆户外终端沿面放电缺陷

(一) 案例经过

某公司对某 220 kV 电缆进行带电局放检测时,发现该电缆线路户外终端处存在疑似局放信号。

(二) 检测过程及分析

1. 检测数据分析

该公司在对该 220 kV 电缆线路带电局放检测时发现,该线路电缆户外终端 A 相和 C 相均发现有疑似局放信号,其中 A 相信号幅值 340 mV 和 C 相信号幅值 189 mV,有明显 180°相位特征,如图 119 所示。放电信号波形呈明显脉冲特性,上升沿较陡,其频率大约 20 MHz,符合沿面放电信号特征。分析认定可能是附件内部的问题,建议加强跟踪和复测。

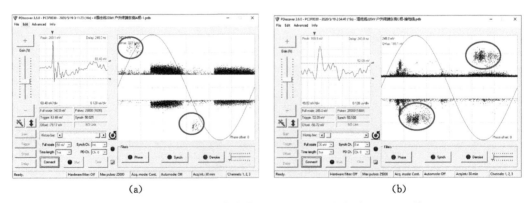

(a)   (b)

图 119 某 220 kV 电缆终端 A 相和 C 相局放检测 PRPD 图谱

(a)A 相;(b)C 相

隔 2 月后再次复测,发现该电缆户外终端 A 相和 C 相沿面放电信号依然存在。

2. 缺陷原因分析

对该电缆户外终端相进行消缺时,发现在 A 相和 C 相的应力锥表面有许多不规则的黑点和黑斑,如图 120 所示。

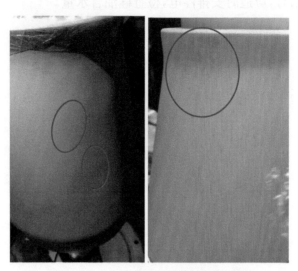

图 120　应力锥表面不规则黑点和黑斑

此类不规则黑点和黑斑的缺陷产生,是由于户外电缆终端密封不良导致终端内部受潮后的水珠积聚在电缆应力锥表面而引起的放电所形成的痕迹。

(三) 消缺后复测

经过打磨和擦拭应力锥并且更换所有的硅油,重新安装并通过耐压试验恢复运行后,对该电缆户外终端 A 相和 C 相进行局放复测,放电图谱如图 121 所示,表明设备一切正常,所有疑似局放信号已经消失,缺陷已消除。

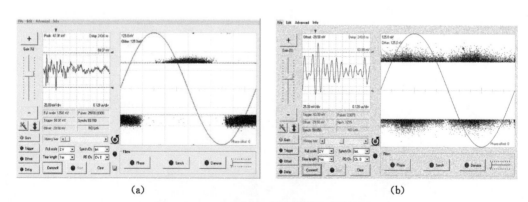

(a) (b)

图 121　A 相和 C 相局放复测 PRPD 图谱

(a)A 相;(b)C 相

（四）小结

由于电缆户外终端运行工况比较差，如果终端制作时密封不严实，长期运行后会导致电缆终端受潮。受潮后水珠聚集到电缆预制件表面后，会产局放。如果在户外终端检测到类似沿面放电信号，应适时安排停电，检查硅油含水量。

案例六

66 kV 电缆中间接头内部放电缺陷

(一) 案例经过

2017 年 5 月份,某公司对某 66 kV 电缆线路进行带电局放检测,发现其中一组中间接头处存在疑似局放信号,且在远离该接头的电缆本体上该信号随着距离的增大而逐渐减小并消失,在同接头井的其他线路附件也未发现清晰的局放信号。

(二) 检测过程及分析

1. 检测数据分析

检测当天,对该电缆线路的一组户外终端和两组中间接头分别进行带电局放检测时,发现♯2 中间接头存在疑似局放信号,现场检测图片和 PRPD 图谱如图 122～图 125 所示,发现在♯2 中间接头处的 A 相放电信号幅值为 604 mV,B 相放电信号幅值为 339 mV,C 相放电信号幅值为 115 mV,且有明显 180°相位特性。放电波形有明显脉冲特性,上升沿较陡,频率大约 30 MHz,具有明显的沿面放电特征。通过分析认为该信号为间隙放电信号,结合热缩中间接头的结构及施工工艺,认为该中间接头的热缩本体与

图 122 现场检测图

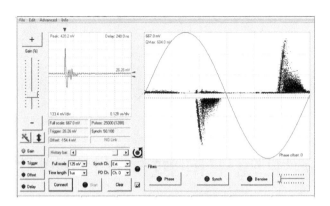

图 123　66 kV 电缆线路♯2 中间接头 A 相局放检测 PRPD 图谱

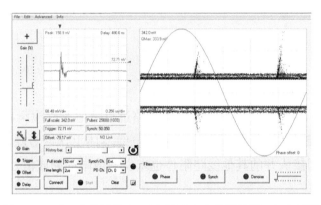

图 124　66 kV 电缆线路♯2 中间接头 B 相局放检测 PRPD 图谱

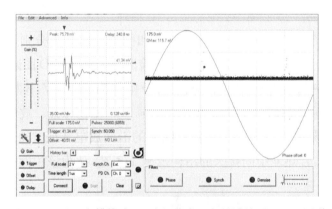

图 125　66 kV 电缆线路♯2 中间接头 C 相局放检测 PRPD 图谱

电缆绝缘之间存在间隙,故建议加强跟踪和复测,A 相和 B 相放电幅值较大,C 相相对较弱,可能为 A 相、B 相传过来所致,有条件可安排停电检修。

2. 缺陷原因分析

打开该电缆♯2 中间接头后如图 126 所示,在 A 相红色热缩管本体与电缆绝缘之间存在因间隙而引起的沿面放电,并且在电缆绝缘及热缩管体上均有明显的碳化迹象,其他相的黑色应力管半导电层也有类似缺陷,B 相情况与 A 相类似。

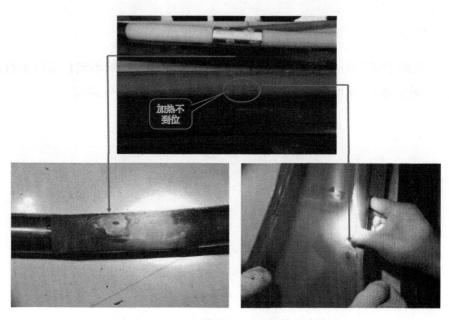

图126　66 kV 电缆线路♯2中间接头缺陷图

3. 局放复测

更换所有有缺陷的中间接头，安装新接头，新接头通过耐压试验并且电缆恢复运行后，再次对♯2中间接头进行局放复测，放电图谱如图127所示，表明设备一切正常，所有疑似局放信号已经消失，缺陷已消除。

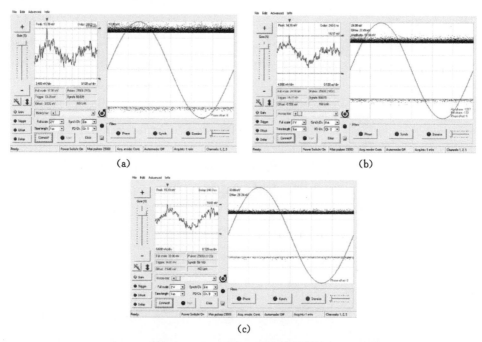

图127　消缺后 A 相、B 相、C 相的局放检测 PRPD 图谱

(a)A 相；(b)B 相；(c)C 相

(三) 小结

66 kV 电缆中间接头由于采用热缩施工工艺,可能存在热缩不到位或因运行时间较长其界面握紧力降低,从而导致热缩管绝缘和电缆本体之间产生局放。

110 kV 电缆中间接头沿面放电缺陷

(一) 案例经过

2018 年 12 月,在某 110 kV 电缆线路进行全线带电局放检测时,发现 2 号中间接头有疑似局放信号。

(二) 检测过程及分析

1. 检测数据分析

2018 年 12 月,对该 110 kV 电缆线路带电局放检测时,发现 2 号中间接头有疑似局放信号,线路其他接头均未发现类似信号,♯1、♯2 中间接头及 R 站、Q 站终端接头局放检测图谱如图 128 所示。

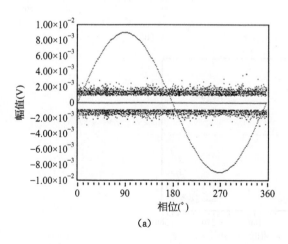

(a)

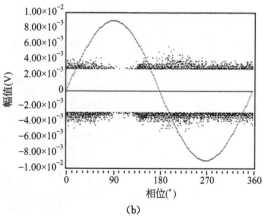

(b)

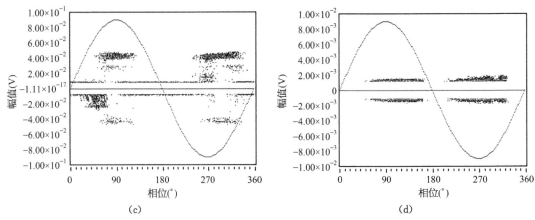

(c)

图 128　110 kV 电缆线路电缆接头 PRPD 图谱

(a)R 站；(b)♯1；(c)♯2；(d)Q 站

从图 128 中，发现♯2 中间接头检测到的信号图谱幅值为 40 mV，大约为另外 3 个点的 10 倍，且该信号存在 180°相位特性。因此，对♯2 接头测试点数据进行进一步分析，♯2 接头三相 PRPD 图谱对比如图 129 所示。

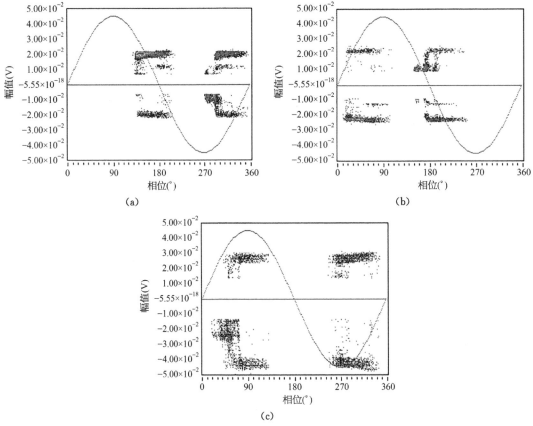

(c)

图 129　♯2 接头三相 PRPD 图谱对比

(a)A 相；(b)B 相；(c)C 相

从♯2接头测试点的 PRPD 对比图谱中，发现 C 相幅值明显大于 A 相、B 相。对♯2接头局放图谱进行测试点分类，对比图如图 130 所示。

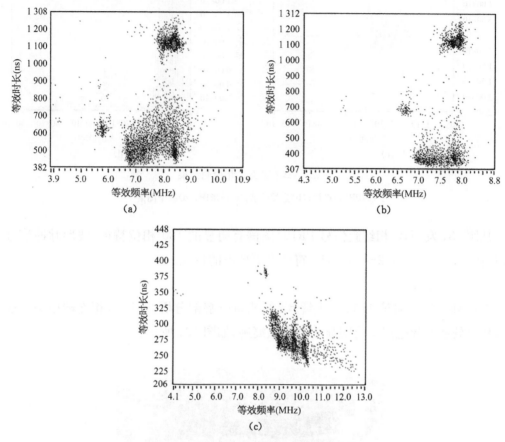

图 130　♯2接头局放信号分类图谱对比

(a)A 相；(b)B 相；(c)C 相

从♯2接头测试点分类对比图谱中，发现 C 相信号频率也明显大于 A 相、B 相。因此，需进一步对 C 相信号图谱进行分析。C 相检测结果如图 131 所示。

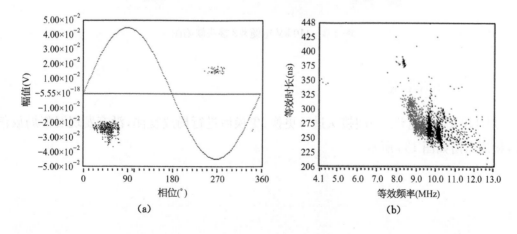

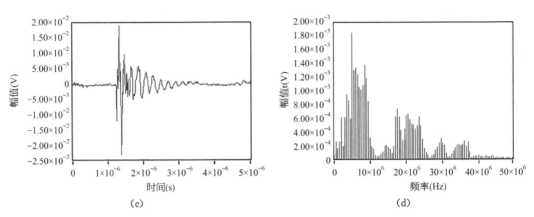

(c)　　　　　　　　　　　　　　(d)

图 131　♯2 接头 C 相检测结果

(a)PRPD 图谱；(b)分类图谱；(c)波形图；(d)频率图谱

从图 131 发现，C 相红簇信号 PRPD 图谱有明显的 180°相位特征，波形脉冲信号明显，且频率主要分布在 2～10 MHz，符合沿面放电的特征。

2. 缺陷原因分析

2019 年 12 月，对该 110 kV 电缆♯2 接头进行解剖分析，发现 C 相终端接头在接头导体接管处和半导电层上有明显放电烧蚀痕迹，如图 132 所示。

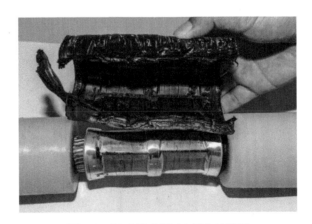

图 132　110 kV 电缆♯2 接头缺陷图

（三）消缺后复测

对 110 kV 电缆♯2 中间接头进行更换，更换后进行局放复测，没有发现疑似局放信号，检测图谱如图 133 所示。

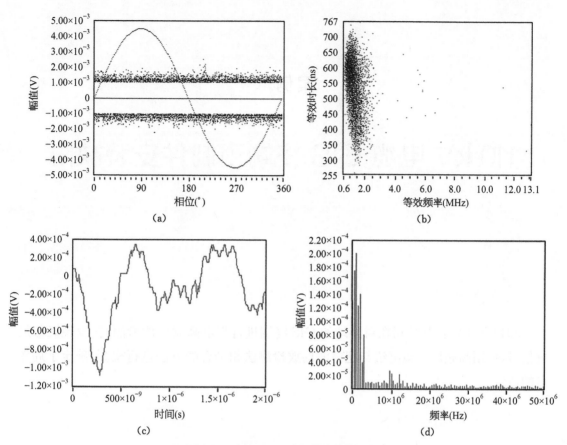

图 133 消缺后♯2 接头局放检测结果

(a)PRPD 图谱;(b)分类图谱;(c)波形图谱;(d)频率图谱

(四) 小结

对于全线检测时,发现某点检测到疑似信号,与其他检测点均不一样时,应重点关注,分析该信号是由于干扰造成还是由于局放产生,并注意复测。

110 kV 电缆 GIS 终端预制件安装缺陷

(一) 案例经过

2016 年 12 月,某公司在对某站的 GIS 终端进行带电高频局放检测时,发现疑似局放信号,使用高频局放检测法与超声波局放检测法相结合的方法进行检测,确定了局放点的位置。

(二) 检测过程及分析

1. 数据检测分析

2016 年 12 月 5 日,对 GIS 2202 间隔进行超声及高频局放检测。超声检测显示 A 相有明显局放信号,信号最强位置如图 134 所示。

图 134　超声检测信号最强位置图

在 A 相 GIS 外壁、GIS 底部盆式绝缘子、电缆接头外表面分别进行超声检测,测得频率和相位图如图 135 所示。

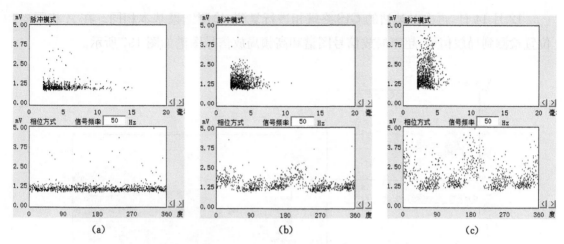

图135　GIS外壁、GIS底部盆式绝缘子、电缆接头外表面的频率和相位图

(a)GIS外壁；(b)GIS底部盆式绝缘子；(c)电缆接头外表面

对 GIS 2202 间隔进行高频局放检测,检测带宽为 300 kHz,放电图谱如图 136 所示。

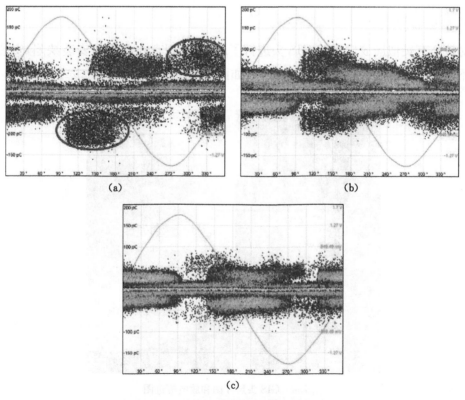

图136　GIS 2202 间隔高频局放检测图谱

(a)A相；(b)B相；(c)C相

　　12月14日，再次对某站的GIS终端相进行复测，检测结果基本相同。在A相同样位置检测到局放信号，超声局放信号图谱和高频局放信号图谱如图137所示。

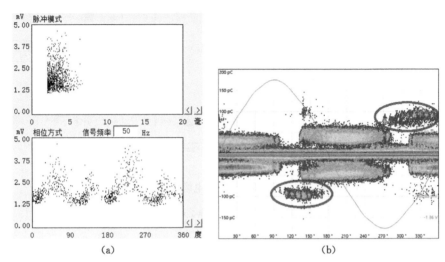

(a) (b)

图137　A相超声和高频检测图谱

(a)超声；(b)高频

2. 缺陷原因分析

　　对该站有疑似局放信号的GIS头进行了解剖，发现存在严重的安装缺陷，安装尺寸明显不对，且预制件内部有明显放电痕迹，如图138所示。

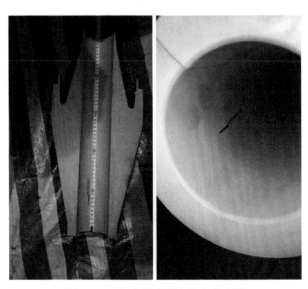

图138　GIS头尺寸图和放电痕迹图

(三) 小结

终端预制件在安装过程中,应该严格按照厂方工艺图纸尺寸安装制作。在 GIS 带电局放检测时,可结合多种手段联合检测,如超声、特高频等,对于某些缺陷超声较高频信号更灵敏,能够提高局放检测的检出率和局放定位的准确率。

案例九

110 kV 电缆 GIS 终端接头悬浮放电缺陷

（一）案例经过

2017 年 12 月 26 日，某公司在对某 110 kV 主变电缆进行例行带电局放检测时，发现有疑似局放信号，该 110 kV 主变电缆 GIS 终端 A、B 两相的 PRPD 图谱有 180°相位特征。

（二）检测过程及分析

1. 检测数据分析

2017 年 12 月 26 日，110 kV 主变电缆 GIS 终端三相带电局放检测图谱如图 139 所示。

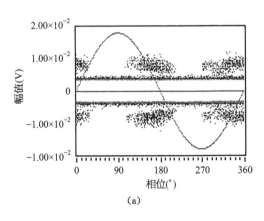
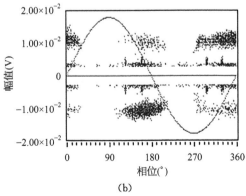

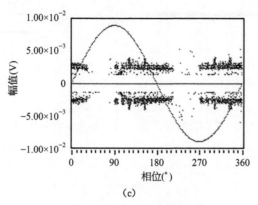

（c）

图 139　GIS 终端局放检测图谱

（a）A 相；（b）B 相；（c）C 相

2018 年 3 月 30 日，对该 110 kV 主变电缆 GIS 终端进行第一次跟踪复测，检测结果发现 A 相有疑似放电信号，如图 140 所示。

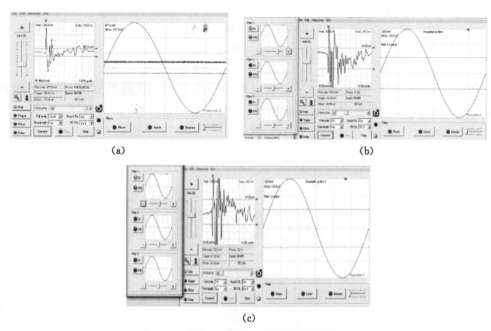

图 140　GIS 终端第一次跟踪复测局放图谱

（a）A 相；（b）B 相；（c）C 相

2018 年 9 月 25 日，对某 110 kV 主变电缆 GIS 终端进行第二次跟踪复测，未发现疑似局放信号，如图 141 所示。

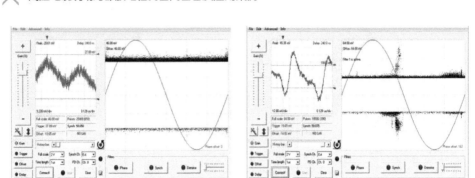

(a) (b)

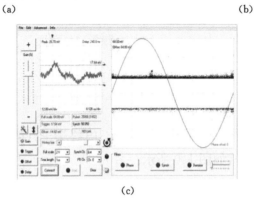

(c)

图 141 GIS 终端第二次跟踪复测局放图谱

(a)A 相；(b)B 相；(c)C 相

2019 年 5 月 13 日,对该 110 kV 主变电缆 GIS 终端第三次跟踪复测,采用高频和超高频两种检测方式,A 相发现疑似局放信号,如图 142 所示。

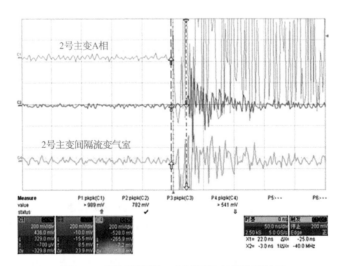

图 142 GIS 终端第三次复测超高频检测结果

由图 142 得,CHI(2 号主变间隔 A 相电缆接头)通道触发时,2 号主变间隔 A 相电缆接头附近的超高频信号超前于 B 相电缆接头,且幅值也更大,说明 2 号主变间隔 A 相电缆接头附件更接近信号源,如图 143 所示。

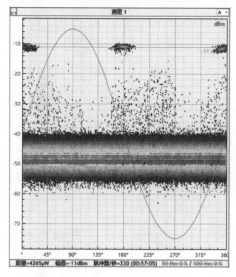

图 143 GIS 终端第三次跟踪复测超高频检测结果为悬浮放电缺陷

图 144 为 2 号主变 A 相 GIS 端高频 PRPD 图谱,图中显示有一组信号符合 180°相位特征,对其进行红簇分离,图谱如图 145 所示。

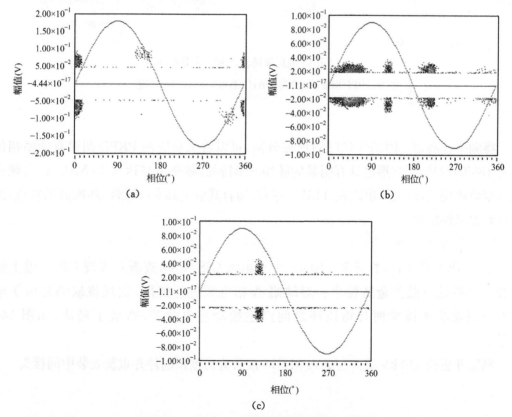

图 144 2 号主变 A 相 GIS 端高频 PRPD 图谱

(a)A 相;(b)B 相;(c)C 相

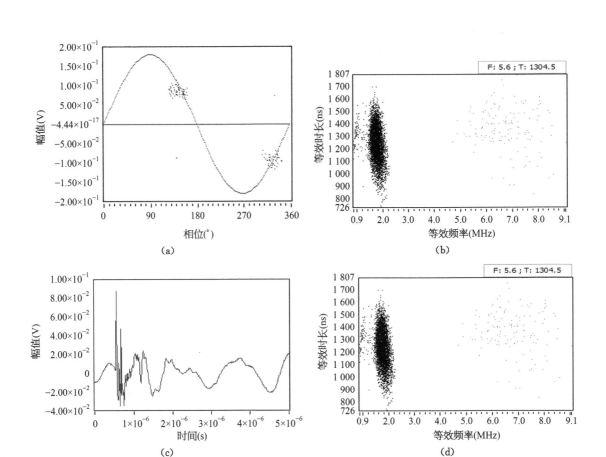

图 145　GIS 终端高频局放 A 相红簇分离图谱
(a)PRPD 图谱;(b)分类图谱;(c)波形图谱;(d)频率图谱

　　将频率较高的一团信号(红簇)单独分离,可以看出对应的 PRPD 图谱有两团相位差为 180°的信号,其波形也具有明显的脉冲波形特征,频率最高达到 40 MHz,但高频分量的幅值比较低,最大值出现在 3 MHz 左右,结合其放电具有间歇性,频次低的特点,该信号疑似悬浮放电。

　　2. 缺陷原因分析

　　2019 年 9 月 3 日,打开某 110 kV 主变电缆 GIS 气室,查看后发现 GIS 电缆上触头和梅花桩处有散落金属粉末。对缺陷 A 相电缆进行解剖,发现该缺陷是由于电缆 GIS 终端接头压接梗与均压环之间产生松动有电位差,造成了局放,如图 146 所示。

　　割除并更换 110 kV 2♯主变 A 相 GIS 接头应力锥预制件并重新安装中间接头。

图 146　电缆 GIS 终端接头压接梗与均压环之间松动

(三) 消缺后复测

对消缺后 2♯主变 GIS 电缆 A 相进行复测，局放图谱如图 147 所示，未监测到来自电缆内部及附件内部的局部放电。检测结果表明，电缆终端设备正常，该 110 kV 主变 GIS 电缆终端 A 相无异常，缺陷消除。

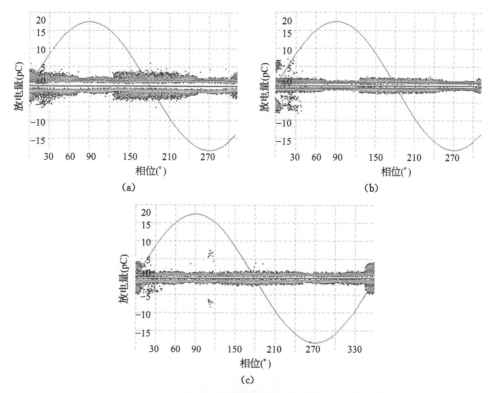

图 147　2♯主变 GIS 电缆故障相 A 相消缺后得局放图谱

(a)A 相；(b)B 相；(c)C 相

（四）小结

有研究表明,电缆某些缺陷造成的局放可能具有一定的间歇性。本案例中,2017 年 12 月首次发现该 110 kV 主变电缆 GIS 终端接头有疑似信号后,该公司坚持每隔 3～6 个月对该电缆终端进行局放检测,2018 年 9 月信号曾消失,2019 年 5 月再次发现该局放信号,信号具有较强的间歇性。在检测时应适当延长 PRPD 图谱累积时间,才能获得有效的 PRPD 图谱,从而准确判定电缆缺陷。

案例十

110 kV 电缆中间接头沿面放电缺陷

(一) 案例经过

2019 年 8 月,某公司在一 220 kV 电缆线路故障修复后对其进行耐压试验同步局放检测,在耐压试验过程中发现♯8、♯9 中间接头附近有疑似放电信号。

(二) 检测过程及分析

2019 年 8 月,某公司对此 220 kV 电缆故障修复后,进行耐压试验时,对故障点同批次同厂家电缆即甲站至 21 号接头进行局放检测。耐压同步局放检测系统构成如图 148 所示。

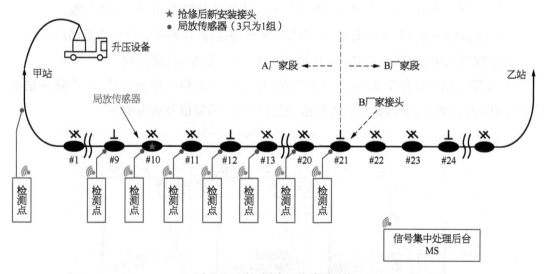

图 148 耐压同步局放检测系统

为了覆盖检测范围内的电缆接头及本体,对检测的甲站,以及♯1至♯21接头的每一相分别安装对应的局放检测传感器,局放检测传感器的安装位置如图149所示。

(a)　　　　　　　　　　(b)　　　　　　　　　　(c)

图149　局放检测装置安装位置

(a)直接接地箱;(b)交叉互联箱;(c)EB‑A终端

本次耐压同步局放检测采用"阶梯式"升压方式,如图150所示,升压过程分为五步进行:

(1) 首先从零压升至38 kV(0.3U_0),停留5 min,根据信号检查接地或各导线连接状态;

(2) 继续升压至76 kV(0.6U_0),停留5 min,分析和记录各种噪声、电晕,检测局放;

(3) 继续升压至128 kV(1U_0),停留5 min,识别各种噪声、电晕,检测局放;

(4) 继续升压至178 kV(1.4U_0),停留5 min,识别各种噪声、电晕,检测局放;

(5) 继续压至216 kV(1.7U_0),开始1 h耐压计时试验,检测局放。

升压期间如果没有发现局放,没有闪络,也没有发现耐压电流异常,即可降压结束试验;如发现局放,则向试验负责人汇报,观察并记录局放信号消失电压。

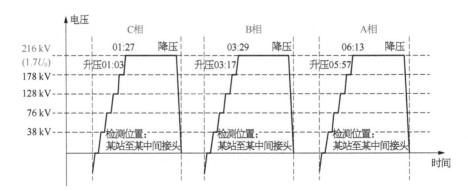

图150　耐压同步局放测试采用"阶梯式"升压方式

在 B 相耐压试验过程中,当电压到 $1.7U_0$ 时,在♯8、♯9 接头附近,10~20 MHz 频率下发现 PRPD 图谱呈 180°相位特征的疑似局放信号,如图 151 所示;波形信号具有单脉冲特性,如图 152 所示。

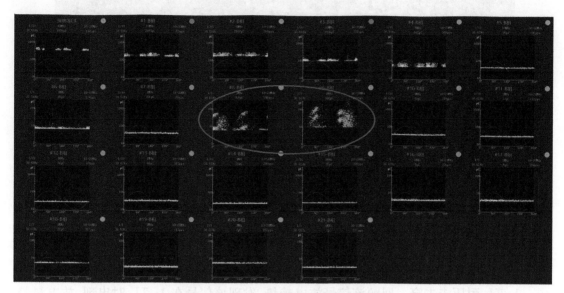

图 151　♯8、♯9 中间接头发现疑似局放信号

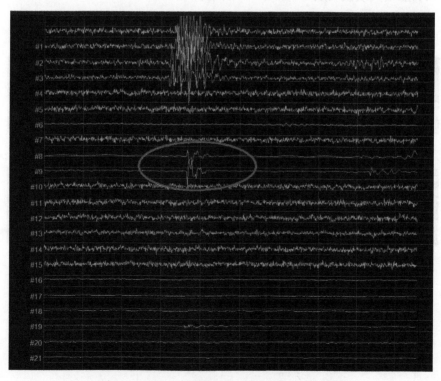

图 152　♯8、♯9 中间接头波形信号具有单脉冲特性

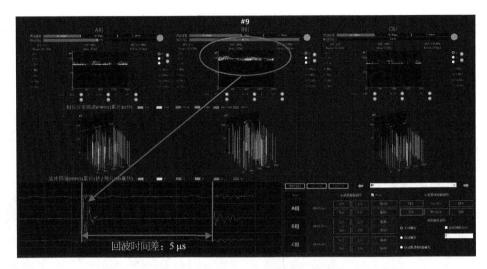

图 153 #9 中间接头局放信号回波时间差

图 153 为 #9 中间接头局放检测结果,对于局放源位置的分析,可观察到疑似局放信号的反射波,反射时间为 5 μs,#8 与 #9 接头间电缆长度为 508 m,按 220 kV 电缆行波的一般波速推算,信号源位置应该在 #8 与 #9 接头之间,且距离 #9 接头 50～100 m 处。

1.7U_0 耐压未击穿。回顾该信号放电趋势,发现该信号在 1.7U_0 时出现,放电量趋势稳定,无明显增大或波动趋势,如图 154 所示。

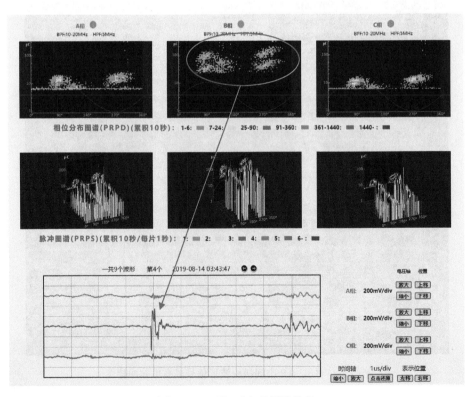

图 154 1.7U_0 时出现局放信号

结合局放检测,认为该信号出现电压高于运行电压,建议在运行电压下进行复测,确认该信号是否会影响电缆运行安全。

(三) 局放监测及复测

为确保电缆安全运行,对该 220 kV 电缆线路进行空充 168 h,对♯8、♯9 接头进行同步局放监测试验,如图 155～图 157 所示。

图 155　同步局放监测试验装置

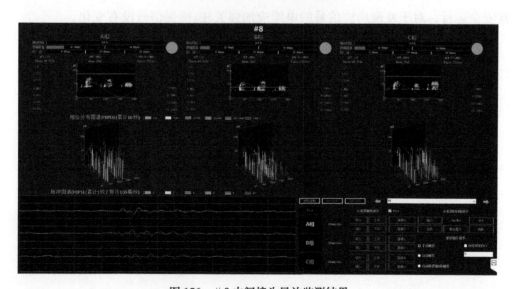

图 156　♯8 中间接头局放监测结果

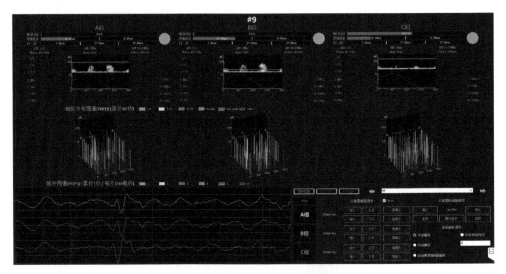

图 157 ＃9 中间接头局放监测结果

在空充 168 h 的局放重症监护中,未发现局放信号,说明在系统运行电压$(1U_0)$时没有出现局放信号,该信号短期内不影响电缆安全运行,线路可正常投运,但建议加强监护,定期复测。

(四) 小结

由于普通高压电缆交流耐压试验只关注电缆整体能否完整承受试验电压的考验,其标准仅为是否通过交流试验耐压,如电缆内部存在局放,电缆依然有可能通过交流耐压试验,内部缺陷的电缆带病运行,会导致电缆安全运行存在一定风险。若在耐压局放过程中发现局放信号,应回溯局放发生的起始电压,起始电压若低于运行电压,应进行故障定位;若起始电压高于运行电压,应在运行电压下进行复测,确保不会影响电缆的正常安全运行。对于发现局放信号的电缆应加强关注,确保信号没有变化。

多套设备联合检测发现 110 kV 电缆户外终端沿面放电缺陷

(一) 案例经过

2018 年 4 月 19 日,某公司对某 110 kV 电缆户外终端进行带电局放检测,在该户外终端 B 相发现明显局放信号。该电缆型号为交联聚乙烯绝缘 YJLW03,截面积 630 mm²,电缆长度 95 m,2011 年 11 月 11 日安装投运。

此次局放检测是对同工艺故障线路终端的反措:带电检测发现明显局放信号,经过局放会诊与分析,结合近几次终端局放测试发现缺陷的典型案例,确认该局放信号为电缆终端内部缺陷引起的高频放电,终端内部很可能存在杂质、浸水、沿面放电等缺陷,于是果断决定申请计划停电消缺。2018 年 6 月 16 日,该线路计划停电,打开三相户外终端后,发现 B 相应力锥预制件表面存在轻微但是较明显黑色点放电痕迹。

(二) 检测过程及分析

1. 检测数据分析

对于放电特征的判定,一般根据其时域图、云布图及频谱图对进行综合查看:先看时域图有没有明显的放电脉冲,再看云布图有没有放电图像(并考虑到图像由于采集时的同步可能引起的平移),若这两者都具有,我们再查看其频谱图的形状对放电的具体特征进行判断。

采用基于电容耦合脉冲电磁波信号原理的局放测试仪,对该 110 kV 电缆线路终端进行检测,检测时发现复杂的沿面放电、悬浮及背景干扰,为进一步分析原因,对其云布图进行分类筛选,并打开其频谱图进行对照,具体如图 158~图 162 所示。

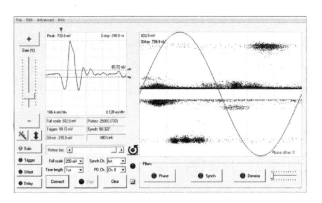

图 158　110 kV 电缆线路 A 相局放图谱

由图 158 可知,A 相信号基本是干扰信号。

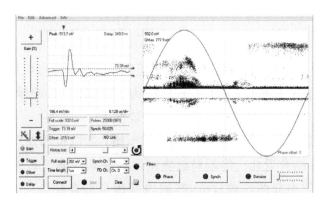

图 159　110 kV 电缆线路 B 相局放图谱

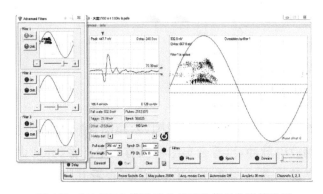

图 160　110 kV 电缆线路 B 相局放信号分类筛选图

由图 159 可知,B 相存在明显局放信号,B 相的沿面放电最大为 513 mV。图 160 对该相云布图进行了分类筛选,确定此图谱为典型的沿面放电信号,可能是电缆与附件连接处或应力锥表面或接地系统引起的。

图 161 中存在二组信号,分别为干扰信号和沿面放电信号。对其分类筛选后如图

162 所示,发现这组为沿面放电信号,可能是由灰尘,潮气或接地系统造成。

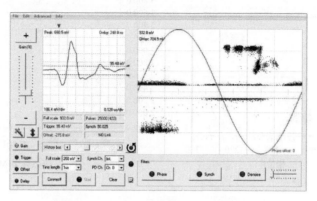

图161 110 kV 电缆线路 C 相局放图谱

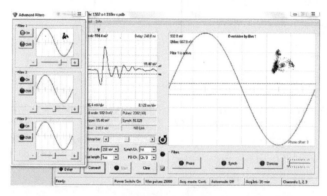

图162 110 kV 电缆线路 C 相局放信号分类筛选图

采用另外一套不同的局放检测设备检测,结果如图 163～图 165 所示。

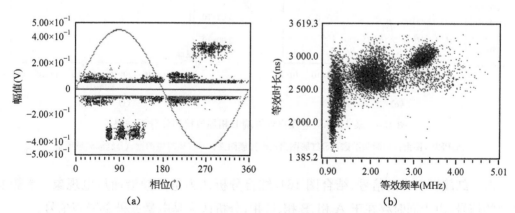

(a) (b)

图163 某 110 kV 电缆户外终端 A 相局放检测和分析结果

(a)PRPD 图谱;(b)时频图谱

由图 163 可知,该相存在电晕或噪声信号。

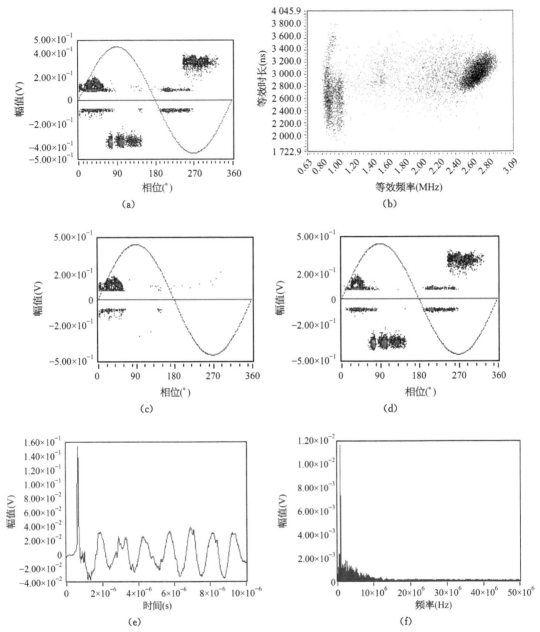

图 164 某 110 kV 电缆户外终端 B 相局放检测和分析结果

(a)PRPD 图谱;(b)时频图谱;(c)红簇图谱;(d)黑簇图谱;(e)红簇时域图谱;(f)红簇频域图谱

对于红簇所对应的信号,结合图 164,综合分析认为是低频沿面放电现象。黑簇所对应的信号,由于同时存在于 A 相、B 相、C 相,分析认为是电晕或外部噪声信号。

由图 165 可知,C 相存在电晕或噪声信号。

综上所述,初步判定,A 相、C 相未发现电缆终端内部局放信号,B 相发现终端内部低频沿面放电信号,可能为应力锥预制件内部缺陷,需及时停电打开进行检查维护。

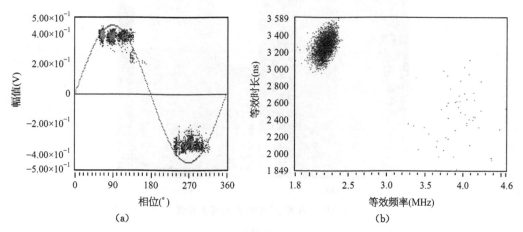

图 165 C 相局放检测和分析结果

(a)PRPD 图谱;(b)时频图谱

2. 缺陷原因分析

2018 年 6 月 16 日,对出现异常局放信号的电缆终端停电解体检查,如图 166 所示,发现 B 相电缆终端内应力锥表面存在明显黑色放电痕迹,但是放电黑色点较小,打磨处理后可恢复正常,其他两相电缆终端内应力锥、绝缘表面未见明显异常放电痕迹,如图 167 所示。三相终端内硅油均有泛黄,如图 168 所示。对 B 相进行打磨消缺处理,处理后如图 169 所示。

图 166 110 kV 电缆线路 B 相终端打开预制件表面存在轻微但明显放电痕迹

(a)   (b)

图 167　A 相、C 相终端内部无异常

(a)A 相；(b)C 相

图 168　终端内硅油泛黄照片　　图 169　B 相应力锥重新打
　　　　　　　　　　　　　　　　　　磨处理消缺后图

（三）消缺后复测

对该线路终端进行消缺清理，更换硅油后重新组装，于 2018 年 6 月 17 日送电恢复运行。为再次确认消缺结果，2018 年 6 月 25 日，对此三套户外终端进行局放复测，图谱如图 170 所示。

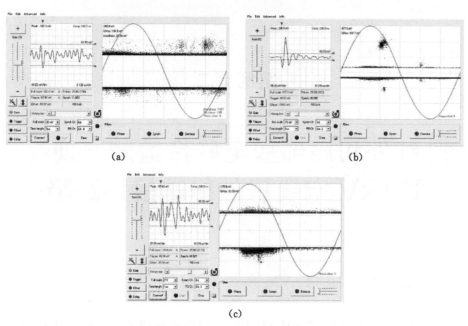

(a)

(b)

(c)

图 170　消缺送电后 A 相、B 相、C 相局放复测图谱
(a)A 相；(b)B 相；(c)C 相

根据图谱分析，三相终端局放信号存在电晕及干扰信号，消缺前 B 相严重的沿面或内部放电特征信号消失，三相终端设备恢复正常。

（四）小结

此次检测主要采用的是基于电容耦合脉冲电磁波信号原理的局放测试仪，与常用的脉冲电流高频局放仪有着显著的不同之处，对于相关新型局放仪可以进行积极尝试与探索。此次现场测试人员还采用了高频脉冲电流便携式局放测试仪，其局放图谱也呈现出比较明显的缺陷迹象。采用多种不同而有效的测试仪器，可以丰富局放检测手段与方法，能对局放检测结论有更进一步的论证。

对于户外电缆终端，已经有多起运行故障与缺陷，应该重视局放检测。结合同类终端相关经典案例，通过长期、反复的摸索，积累了一定局放、运行缺陷经验，比如一般电缆局放具有高频脉冲波形，局放谱图和频率谱图具有明显放电特征等，这对于此次局放检测成功是有很大帮助的。

案例十二

红外和局部放电联合检测发现
110 kV 电缆户外终端接头缺陷

(一) 案例经过

2018 年 11 月 26 日,某公司在某 110 kV 电缆户外终端进行红外检测时,发现 B 相存在红外发热现象。2018 年 12 月 29 日,对该电缆户外终端进行带电局放检测,发现 B 相有疑似局放信号。

(二) 检测过程及分析

1. 检测数据分析

2018 年 11 月 26 日,带电红外检测结果发现该 110 kV 电缆户外终端 B 相存在红外发热现象,下部温度 20.6 ℃、上部温度 18.2 ℃,正常相温度 17 ℃,相比正常相,异常相发热温升分别为 3.6 ℃和 1.2 ℃。红外检测结果如图 171 所示。

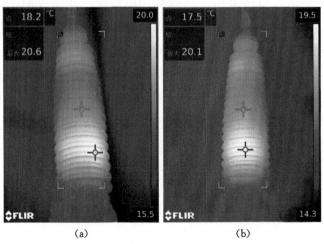

图 171　110 kV 电缆户外终端 B 相红外检测结果

(a)角度 1;(b)角度 2

2018 年 12 月 25 日,对该 110 kV 电缆户外终端进行红外复测,发现 B 相红外发热现象依旧存在,终端下部温度 15.8 ℃,上部温度 12.9 ℃,正常相温度 12 ℃,相比正常相,发热温升分别为 3.8 ℃和 0.9 ℃。红外检测结果如图 172 所示。

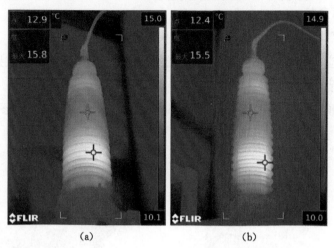

图 172 110 kV 电缆户外终端 B 相红外复测结果

(a)角度 1;(b)角度 2

对该 110 kV 电缆户外终端进行高频局放检测,发现该 110 kV 电缆户外终端 B 相存在尖端放电,信号比较明显,但幅值不是很大,局放检测图谱如图 173 所示。

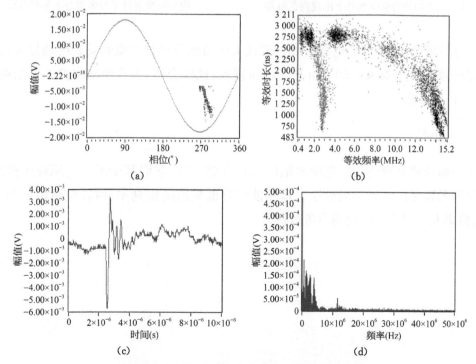

图 173 110 kV 电缆户外终端 C 相局放检测图谱

(a)PRPD 图谱;(b)分类图谱;(c)波形图谱;(d)频率图谱

由图 173 分析发现,B 相红簇信号、PRPD 图谱呈单极性放电,波形有明显脉冲信号,频率分布在 0～5 MHz 左右,符合尖端放电的特征,与红外测温由电场不均匀导致的电压型温升结论一致。

2. 缺陷原因分析

打开 110 kV 电缆户外终端 B 相终端接头发现:

(1) 在终端应力锥预制件上有一注模浇筑口及其周围有一圈成放射状排列的白色痕迹,如图 174 所示;

(2) 应力锥预制件半导电部分与绝缘部分接口不平整,有缺口,如图 175 所示。

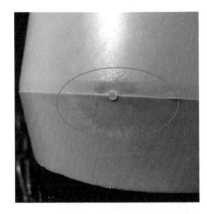 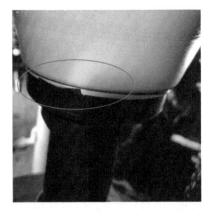

图 174　终端应力锥预制件上出现白色痕迹　　图 175　应力锥预制件半导电部分不平整有缺口

割除并更换该 110 kV 电缆 B 相终端接头应力锥预制件并重新安装终端接头,接头制作完毕后,进行 128 kV/60 min 交流耐压试验,试验合格,电缆消缺维护工作结束,汇报调度,送电投运。

(三) 小结

红外和局放是判断高压电缆缺陷的两种有效手段,它们基于不同的原理来检测高压电缆有无异常。红外和局放联合检测能够降低缺陷的误判率,两者检测结果相互印证,为检测人员提供更全面的参考数据。

案例十三

110 kV 电缆局部放电信号定位

(一) 案例经过

某公司对某 110 kV 电缆 GIS 终端进行局放检测，A 相、B 相、C 相电缆接头处检测到异常特高频局放信号。

(二) 检测分析与定位

1. 特高频测试结果

在 110 kV 出线 A 相、B 相、C 相电缆接头处检测到异常特高频局放信号，综合判断放电类型为绝缘放电。将 A 相、B 相、C 相电缆接头处特高频异常信号幅值进行对比，可见 C 相脉冲数及幅值都较大，初步判断放电源位置在 C 相，如图 176 所示。

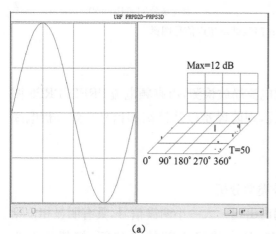
(a)
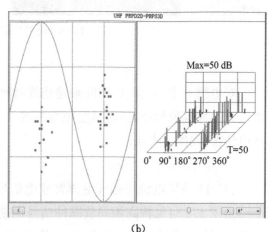
(b)

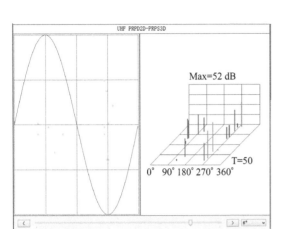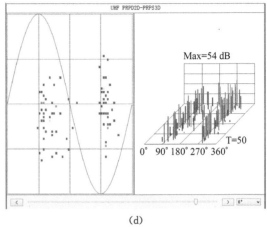

(c)　　　　　　　　　　　　　　　(d)

图 176　特高频测试结果

(a)背景；(b)A 相；(c)B 相；(d)C 相

2. 超声测试结果

对电缆气室超声波局放检测未见异常，如图 177 所示。

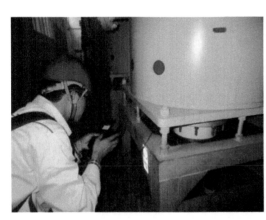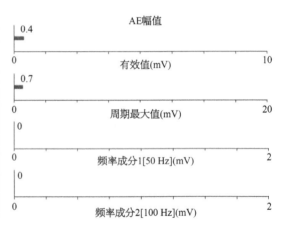

图 177　110 kV 电缆气室超声测试及超声信号图谱

3. 高频电流测试结果

对电缆 A 相、B 相、C 相屏蔽接地线高频电流局放检测，由高频电流 PRPD/PRPS 图谱可见脉冲幅值较小，且容易受电缆外界干扰，现阶段难以从该高频信号有效分析电缆放电情况，如图 178 所示。

4. 异常放电信号定位

(1) 110 kV 电缆终端气室异常放电信号类型分析。

由图 179 可见特高频局放脉冲信号周期内出现一大一小两簇信号，具有明显相位相关性，信号脉冲数较多，幅值大小均有分布，具有绝缘内部放电特征，幅值最大为 1.55 V,放电信号较大，放电程度较严重。

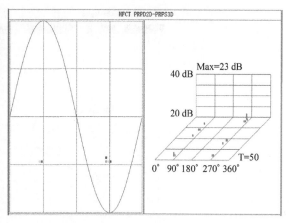

图178 110 kV 电缆屏蔽接地线高频电流测试及高频信号图谱

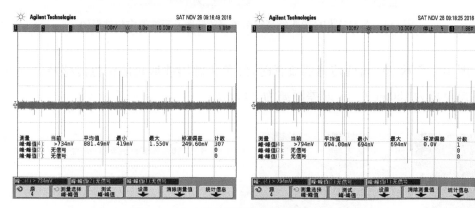

图179 110 kV 电缆终端气室 10 ms 示波器图

(2) 110 kV 电缆终端气室异常信号定位分析。

如图180所示，A相、B相、C相电缆头处放置特高频传感器，由示波器定位波形图可见C相波形起始沿超前A相、B相波形起始沿，说明信号更靠近C相传感器，且C相传感器信号的测试幅值明显大于A相、B相信号幅值，综合判断放电源来自C相。

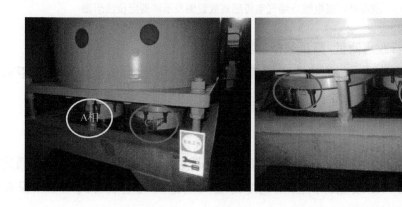

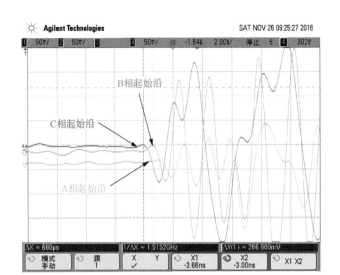

图 180　ABC 三相电缆头特高频传感器放置图及示波器定位波形图

如图 181 所示,红、黄两传感器放置时,红色传感器波形超前黄色传感器波形 5 ns, 折算时差距离为 150 cm(1 ns 时差距离为 30 cm)。

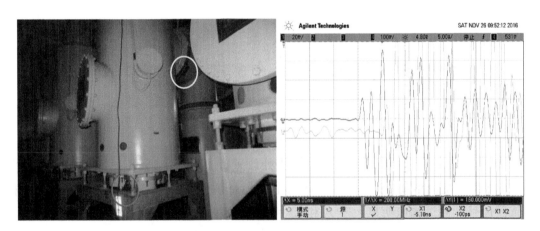

图 181　围高Ⅲ回线电缆终端气室传感器放置图及示波器定位波形图

对 GIS 气室进行距离测量,测量数据如图 182 所示。

由图 182 数据可见,红、黄传感器之间最短传播距离为 200 cm,假设放电源距离红 色传感器距离为 x,距离黄色传感器距离为 y,则有:

$$x + y = 200 \text{ cm}, \quad y - x = 150 \text{ cm}$$

经计算得 $x = 25$ cm,说明放电源距离红色传感器 25 cm 左右,由于测量及传播途径 存在一定误差,综合判断放电源高度在电缆终端气室距离气室底部约 5 cm(误差在 ±10 cm 左右)。

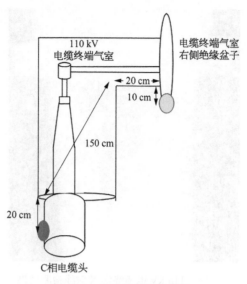

图 182　局放信号定位测量

　　结合上述定位过程及距离计算,综合判断 110 kV 电缆终端气室局放源位置在电缆终端气室内 C 相电缆如图 183 所示红色标注区域内。

图 183　110 kV 电缆终端气室 C 相电缆终端局放源位置

　　随后,该公司对该 110 kV 电缆 GIS 终端开展停电消缺,将 C 相电缆头拆下来,发现绝缘表面无明显缺陷和放电痕迹,于是采用 X 射线对 C 相电缆头内部的绝缘状况进行检测,检测结果如图 184 所示,证实该局放确实来源于绝缘内部气隙放电,定位位置准确无误。

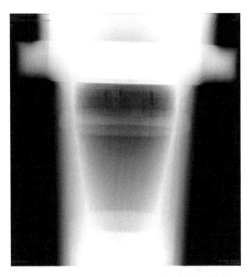

图 184 110 kV 电缆终端 X 射线检测结果

(三) 小结

在现场对电缆局放信号进行定位,一般都是将多种定位方法结合起来综合运用,如本案例中,综合使用幅值比较定位法、定相法和时差定位法,先通过放电信号幅值大小比较和脉冲信号的先后关系,来初步判断局放信号来源于哪一相,然后采用时差定位法对局放信号的具体位置进行测量计算。如果局放信号采用特高频、高频、超声波均能检测到,那么应同时采用三种不同检测定位方法来进行综合判断、相互印证。

220 kV 电缆竣工耐压局部放电

(一)案例经过

2016 年 3 月 15 日,某公司对某 220 kV 电缆线路进行竣工耐压同步局放检测时发现该线路 GIS 终端接头 B 相有疑似局放信号。

(二)检测过程及分析

1. 检测数据分析

该 220 kV 线路共有 23 组中间接头及两组终端接头,两侧终端分别为 GIS 终端和户外终端。

2016 年 3 月 15 日,线路进行竣工耐压同步局放时,发现当电压达到 $1.7U_0$ 时,即在 216 kV 电压下 GIS 终端接头 B 相检测到局放,后 1 h 的耐压试验通过,未击穿,但在耐压试验过程中,局放信号一直存在。

216 kV 电压下,在 ♯1 接头(靠近 GIS 终端)与 GIS 终端均检测到局放信号,放电信号的 PRPD 图谱、频谱图谱和时域图谱如图 185、图 186 所示。PRPD 图谱中,♯1 接头

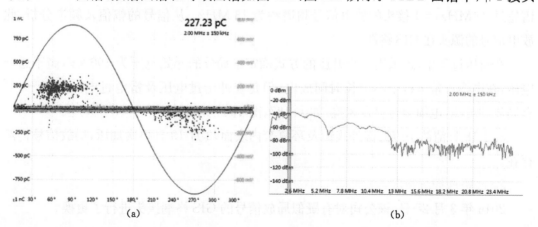

(a)   (b)

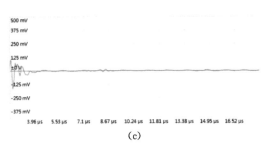

(c)

图185 1♯接头的 PRPD 图、频谱图和时域图

(a)PRPD图谱；(b)频谱；(c)时域图谱

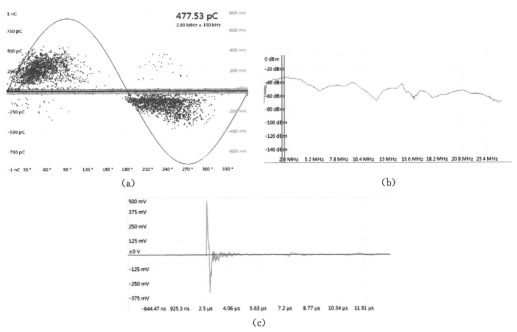

(c)

图186 GIS 终端的 PRPD 图、频谱图和时域图

(a)PRPD图谱；(b)频谱；(c)时域图谱

放电信号幅值约为 300 pC，GIS 终端放电信号幅值约为 450 pC；GIS 终端放电信号的频谱超过 25 MHz，♯1 接头的放电信号频谱约为 13 MHz。从信号的幅值及频谱分析，此放电信号的源头在 GIS 终端。

在耐压过程中，还采用逐步升压的方式确定了局放的起始电压为 190 kV，高于运行电压，在电缆正常运行中不会长时间放电，但是在冲击过电压及雷电过电压情况下，仍有局放的可能，电缆运行存在风险，如图 187、图 188 所示。

3 月 18 日清洁了应力锥外表面及环氧套内表面，3 月 19 日再次加压，局放信号仍然存在。

2. 缺陷原因分析

2016 年 3 月 28 日，该公司对有疑似局放信号的 GIS 终端接头进行了更换。

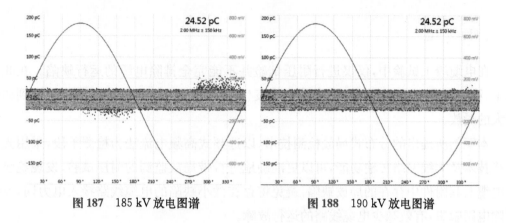

图 187　185 kV 放电图谱　　　图 188　190 kV 放电图谱

对该 220 kV 电缆线路线 B 相 GIS 终端进行解体检查,发现在环氧套的屏蔽罩上有明显的划伤痕迹和撞伤痕迹,如图 189 所示。

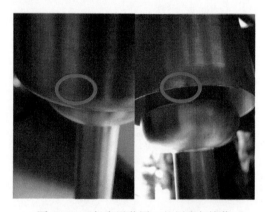

图 189　环氧套屏蔽罩上的划痕与撞伤

(三) 消缺后复测

更换 GIS 终端后,再次进行耐压局放试验,局放信号消失,缺陷排除,如图 190 所示。

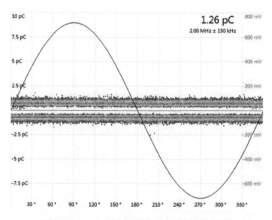

图 190　GIS 终端消缺后复测局放图谱

(四) 小结

在电缆竣工试验中,仅仅进行耐压试验并不能完全排除电缆的运行缺陷。在此案例中,第一次耐压试验 1h 通过,电缆并未发生击穿,但是在耐压试验过程中检测到幅值很大的局放。

本案例所提出的分布式局放检测技术,以选频式高频电流法为检测手段,采用光纤网络技术及无线网络传输功能,可以更准确地进行带局放监测的耐压试验,发现绝缘电力电缆及其附件中存在的局放缺陷,避免将存在微小缺陷的电缆线路接入电力网,及时排除电网隐患,有效减少电缆线路的运行故障。

参考文献

［1］ 上海电缆输配电公司.电力电缆安装运行技术问答［M］.北京：中国电力出版社,2004.

［2］ 江日洪.交联聚乙烯电力电缆线路［M］.北京：中国电力出版社,2008.

［3］ 国家电网公司运维检修部.电网设备带电检测技术［M］.北京：中国电力出版社,2014.

［4］ 国家电网公司运维检修部.电网设备状态检测技术应用典型案例（上、下册）［M］.北京：中国电力出版社,2014.

［5］ High voltage test techniques-Measurement of partial discharge by electromagnetic and acoustic methods ［S］. IEC TS 62478：2016.

［6］ 全国高电压试验技术和绝缘配合标准化技术委员会.局部放电测量：GB/T 7354—2018［S］.北京：中国标准出版社,2004.

［7］ 电力行业高电压试验技术标准化技术委员会.局部放电测量仪校准规范：DL/T 356—2010［S］.北京：中国电力出版社,2010.

［8］ 电力行业高电压试验技术标准化技术委员会.电力设备局部放电现场测量导则：DL/T 417—2006［S］.北京：中国电力出版社,2006.

［9］ 全国高压电气安全标准化技术委员会.高电压测试设备通用技术条件第4部分：局部放电测量仪：DL/T 846.4—2004［S］.北京：中国标准出版社,2004.

［10］ 电力行业高电压试验技术标准化技术委员会.超声波法局部放电测试仪通用技术条件：DL/T 1416—2015［S］.北京：中国电力出版社,2013.

［11］ 国家能源局.高电压测试设备通用技术条件　第11部分：特高频局部放电检测仪：DL/T 846.11—2016［S］.北京：2016.

［12］ 姜芸,周韫捷.分布式局部放电在线监测技术在上海500 kV交联聚乙烯电力电缆线路中的应用［J］.高电压技术,2015,41(04)：1249-1256.

［13］ 江蕴喆.电缆局部放电检测与定位系统的研究［D］.北京：北京交通大学,2019.

［14］ 孙永辉,王馥珏,邓鹏.高压电缆局部放电带电检测技术的应用研究［J］.南京理工大学学报,2019,43(04)：505-510.

［15］ 李青竹.交联聚乙烯电力电缆局部放电检测技术的研究［D］.济南：山东大学,2018.

［16］ 谢敏,周凯,何珉,等.基于时间反演技术的电力电缆局部放电定位方法［J］.中国电机工程学报,2018,38(11)：3402-3409.

［17］ 马克强.交联聚乙烯电力电缆局部放电模式识别技术研究及应用［D］.北京：华北电力大学,2016.

[18] 韦德福.基于交流耐压的高压电缆分布式局放检测技术研究与应用[D].北京：华北电力大学,2017.

[19] 陈孝信.局部放电信号在高压 XLPE 电缆中的传播特性及能量分布[D].上海：上海交通大学,2017.